BEST BAKE

BAKING

圆 猪 猪
乐享烘焙

圆猪猪●编著

青岛出版社
QINGDAO PUBLISHING HOUSE

大家一起来乐享烘焙

自己在家玩烘焙，您最看重什么？安全性？营养？美观？口感和风味？

跟圆猪猪一起乐享烘焙，这些都可以有。

《圆猪猪 乐享烘焙》是圆猪猪的第二部烘焙作品。这位博客访问量超过 2585 万次的超人气美厨娘，爱烹饪，尤爱烘焙。在她的第一本著作——美食畅销常青树《巧厨娘妙手烘焙》出版 4 年后，再次献给喜爱烘焙、喜爱她的粉丝们的一本超详细、超实用、零失败的好书，一份绝不马虎、真心回馈读者的沉甸甸的答卷。

书中有最流行的时尚西点——水果裸蛋糕、圣诞糖霜饼干、蜂蜜凹蛋糕……最聚人气的传统中点——广式莲蓉蛋黄月饼、云南火腿月饼、蛋黄酥……最受小朋友喜欢的美味零食——棉花糖、猪肉脯、牛轧糖、松露巧克力、冰激凌……精美的成品图片，让人垂涎欲滴；超详尽的步骤讲解，更让烘焙粉儿们趋之若鹜，欲罢不能……

特别值得一提的是，针对公认的烘焙难题，同时也是非常具有小资情调的流行甜点——马卡龙，圆猪猪经过反复试验，从用料到温度、操作细节，甚至烤箱都换用了好几种，终于研制出新手也能成功的最简单烘焙方法，让您在家也能做出风靡一时的国际范儿的法式甜点。

随书赠送的视频，猪猪现场操作并教学，讲解清晰画面唯美……不多说了，赶紧打开来感受一下吧！

再次感谢猪猪的无私分享，感谢读者多年来的陪伴，正因为你们对于烘焙的热爱，《巧厨娘妙手烘焙》取得了不错的成绩与口碑；同样，因为有你们，《圆猪猪 乐享烘焙》也一定会走得更远、更好！

亲，准备好了吗？让我们和圆猪猪一起乐享烘焙吧！

编者

圆猪猪

· 国家高级西点师，美食畅销书作者，美食名博

· 圆猪猪烘焙馆创始人

· 2007 年开始在搜狐网开设个人美食博客"圆猪猪的小厨房"

· www.zuzu88.blog.sohu.cn，目前访问量已突破 2585 万

· 2008、2009、2010 连续三年荣获"搜狐十大美食家"称号

· 曾出版美食类畅销书《巧厨娘妙手烘焙》《巧厨娘家常菜》《巧厨娘最爱家常菜》《巧厨娘健康宝宝餐》等，累计销量超过 500,000 册

contents

用"快扫"识别书中带
标志的图片
圆猪猪美食
视频即刻呈现

——扫码关注"青岛微书城"，
下载"快扫"APP感受神奇！

PART 1　时尚西点

PART 2 传统中点

烘焙工具

★初学烘焙，首先从认识烘焙工具开始。根据西点制作的流程，我们将烘焙工具分为七大类：测量工具、分离工具、搅拌工具、整形工具、成形工具、烘烤工具、切割工具。下面将逐一为您介绍其使用方法及用途。需要提醒的是，初学者并不需要购买以下全部工具，可根据自己的具体情况进行选购。

量取工具

量匙：酵母、泡打粉等材料所需的量通常较少，用电子秤不易精准地称量，使用量匙量取少量材料会更为方便和精准。

UN31200-南瓜型量匙（4个组）

量杯：可方便地称量各种液体和粉类。

UN31000-南瓜型量杯（4个组）

Tips：使用量匙或量杯时，材料不可以堆高超出量匙或量杯上平面，要用筷子把材料沿匙面或杯面推平。

电子秤：做好西点的首要条件就是要称量精准的材料，所以一台精准度高的家用厨房秤是必须品。基本要求是要有电子液晶显示，有去皮功能和归零按钮，反应快，称重灵敏。

Tips：称重时要把秤放置在水平且平整的台面上，并保持称上干净无杂物，这样才能精准称量。

UN00100-厨房电子秤

测温工具

烤箱温度计：通常烤箱的设置温度和实际温度会出现温差，使用烤箱温度计在烘烤过程中实时监测，会减少因温度不准确而造成的失败。烤箱温度计分为指针机械式和电子式。电子式温度计价格十分昂贵，一般家庭选择指针机械式温度计即可。烤箱温度计因为要长时间放在烤箱里，所以必须要可耐300℃的高温，可快速读数，温度感应强，测量精准。

Tips：烤箱温度计不是一放入烤箱马上就能测温，而是要放入预热好的烤箱中，等待15分钟后方可测出准确的温度。

UN00300-烤箱温度计

探针式温度计：用来探测糖浆、热水、蛋液、面团等的温度。探针式温度计的测温范围应达到－30～250℃。要选购精准度高、感温迅速的。

Tips：测量糖浆和热水温度时一定要把温度计探针悬在液体中心位置，不要直接接触锅底，因为锅底的温度是最高的。

UN00301-探针电子温度计

红外线测温仪：红外测温仪通过接收目标物体发射、反射和传导的能量来测量其表面温度。比起接触式测温方法，红外测温仪有着响应速度快、非接触、使用安全及使用寿命长等优点。因为无需直接接触物体，可以远距离测温，所以可测量的物体没有限制，人体、烤箱、糖浆、面团等多种物体的温度均可测量。

UN00302-红外线温度计

计时工具

电子计时器：家用烤箱并没有准确标明时间刻度，用电子计时器就可以准确地掌握烘焙时间。

UN00200-烤箱型厨房定时器

分离工具

网筛（面粉筛）：不锈钢材质，用来过筛面粉类及一些液体。如果要过筛杏仁粉，则需要选购网眼较粗的。

Tips：面粉筛清洗后一定要完全晾干再用，不然粉类遇湿会堵塞网眼。如果急用，不能等待自然晾干，可以把洗过的面粉筛用烤箱烤干。

SN4251-8吋不锈钢粉筛（24目）

分蛋器：可以很方便地分离蛋清和蛋黄。

Tips：初学者没有徒手分蛋经验的，建议使用分蛋器会比较方便。

UN32301-分蛋器（绿色）

搅拌工具

手动打蛋器：用于打发鲜奶油、鸡蛋液及搅拌面糊等。选购时选择使用优质的不锈钢材料制作，钢丝较硬且数量多的。

Tips：手动打蛋器通常是用来做一些不需要打发得很硬的材料，操作比较简单，但打发速度极慢。

UN30102-10吋打蛋器（电解）

电动打蛋器：用于打发鲜奶油、蛋白、全蛋、黄油等。选购时要选可持久搅拌、分低中高三挡的。有的打蛋器启动2分钟就自动停机散热，使打发蛋液用时过久，造成制作失败；有的只有中高档位，在需要低速搅拌鲜奶油时容易打发过度。

Tips：操作过程中不要长时间持续开启机器，开启用中速搅打8分钟后要停机散热，否则容易烧坏电机。

刮刀：可以轻松地搅拌蛋糕糊或者是打发好的奶油，还可以用它将搅拌盆里的材料刮得很干净，不造成浪费。

Tips：市场上的刮刀常见材质分为橡皮和硅胶两种，最好选择硅胶材质，食品工业用硅胶耐受温度范围为-50~300℃，使用非常安全。

UN35108-硅胶刮刀

硬质硅胶铲：可用于搅拌较硬的面糊，还可用于熬煮酱类、糖浆类；既可以在锅底搅拌，也可用于刮干净盆边的材料。

UN35113-硅胶刮刀

硅胶勺：用于熬煮酱类、糖浆类等，可以在锅底搅拌、刮干净盆边的材料，或者用于代替勺子舀蛋糕糊及奶油等。

UN35109-硅胶勺

打蛋盆：用于搅拌各种食材，或作为打发蛋液、鲜奶油等材料的容器。选购时建议选不锈钢材质的，盆底要有弧形设计，液体材料会自然流到盆底，打蛋头能很好地接触到所有材料，这样材料才容易被打发到位。盆身的深度要够，在打发时才能有效地防止材料飞溅出来。有些搅拌盆底部带有硅胶防滑垫，在打蛋时盆不容易移动，操作更方便。

UN30003-20cm打蛋盆

UN30005-16cm止滑打蛋盆

整形工具

塑料刮板：刮板是制作面包、蛋塔、饼干的基础工具，可以用来切割面团、刮平蛋糕糊的表面、刮平巧克力淋面，也可用来刮起案板上的散粉等等，减少操作中的材料浪费。

UN35003-塑料刮板

硅胶刮板：硅胶材质，里面夹有钢板，所以质地较硬，能拌较干硬的面糊，但不会伤害任何模具或者垫板；弧形设计，贴合度好，刮盆底的奶油或面糊时可以刮得更彻底、更干净。

UN35000-硅胶刮板

蛋糕转台：制作装饰蛋糕时，使用转台通过转动的方式，可以更方便、均匀地把奶油抹平整。

UN33000-蛋糕转台（橘黄）

蛋糕抹刀：用于奶油及果酱的抹平，为下一步创意造型提供基础。使用两把抹刀可以将蛋糕安全地从转台上移动到蛋糕纸垫上。

UN35210-8吋刮平刀

大小抹刀：用于奶油及果酱的抹平，帮助蛋糕抹面做最后修整，帮助清理刮刀上的面糊。

UN35211-刮平刀组(3个组)

烘烤辅助工具

硅胶垫：防粘效果好，易清洗，可反复使用。做蛋糕、饼干、面包时可铺垫在烤盘上防粘，省去涂油的步骤。有一种硅胶垫是印有圆形印记的，可帮助挤出圆而饱满的曲奇和马卡龙，还能协助定位，挤得更均匀。

UN29103-马卡龙硅胶烤垫

烤焙油纸：烘焙饼干、蛋糕时铺在烤盘上或模具中，以防止粘盘，也方便拿取。卷蛋糕卷时亦可用。使用一次即可丢弃，不需回收，相当方便。

UN61000-硅油烤箱纸（白色）

烤焙油布：防粘效果最好，易清洗，可反复使用。但不能折叠以免起痕迹，收藏的时候最好是卷成圆筒存放。

UN29004-不粘布

切割工具

锯齿刀：可用来切割面包、磅蛋糕、戚风蛋糕、海绵蛋糕等。

Tips：切割芝士蛋糕和慕斯蛋糕要用普通直板刀。

UN35220-锯刀

蛋糕铲刀：可用来铲起切件的蛋糕和披萨。

UN35230-铲刀

SN4241-披萨轮刀

轮刀：用于切割擀开的面皮及烤好的披萨。

蛋糕脱模垫：采用玻璃纤维制成的油布，围在蛋糕模具四周，这样脱模就更容易了。

Tips：只适合用于磅蛋糕、海绵蛋糕类，不适合用于戚风蛋糕。

UN29002-蛋糕脱模垫

蛋糕脱模刀：塑料材质制成，用于蛋糕脱模。使用时插入蛋糕模具边缘，沿模具边划一圈，就能把烤好的蛋糕和蛋糕模具分离。

UN35200-脱模刀

雕刻刀：用于做水果雕刻及划割面包。

SN4850-整型刀

裱花工具

常用花嘴：

SN7092-8 齿花嘴 -2（中）

418-32 Wilton 32 号花嘴

418-5 Wilton 5 号圆口花嘴

402-8Wilton 8 号圆口花嘴

418-10 Wilton 10 号圆口花嘴

裱花袋：

要选择较厚材质的，这样挤面糊时不易破。大号适合挤大量的面糊，如饼干、马卡龙、蛋糕面糊等；中号和小号适合奶油裱花。

UN55202-16吋挤花袋

常用模具

活底圆模：常用尺寸为 18 厘米 /15 厘米，分别与原 8 吋 /6 吋圆形活底模具尺寸相近。可制作圆模戚风、海绵蛋糕及磅蛋糕、慕斯蛋糕、芝士蛋糕，活底方便脱模。

UN16012-20cm圆形活动蛋糕模（双面矽利康）

固底圆模：常用尺寸为18厘米/15厘米，分别与原8吋/6吋圆形模具尺寸相近。固底圆模适合做面糊易漏的液体蛋糕，如布丁蛋糕、反转菠萝蛋糕、芝士蛋糕等。

UN16011-20cm
圆形蛋糕模（双面矽利康）

中空戚风模：常用尺寸为18厘米/15厘米，分别与原8吋/6吋中空戚风模尺寸相近。如果想要做出柔软、含水量高、成功率高的戚风蛋糕，最好使用中空模具，因为中间的中心柱可以帮助蛋糕爬高和中心受热。

UN16004-15cm戚风
蛋糕模（阳极）

长方形不粘模：适合烤制磅蛋糕。最好是选不粘材质的，否则就要先在模具内壁涂抹黄油，并撒些面粉防粘。

UN16102-17cm长方形
蛋糕模（双面矽利康）

450克金波吐司模：适合用来做吐司。其金色的不粘层使得面包一点也不会粘到模具上，很容易清洁；而普通的吐司模需要提前涂油、撒面粉以防粘。

SN2054-450g波纹吐司盒
（金色不粘）

方形不粘模：适合大容量的烤箱，一次可以烤较多的饼干和面包。因其防粘效果好，故使用时一般不需预先涂油或铺垫油纸、油布等。

UN10007-方形烤盘
（金色不粘）

UN10006-方形烤盘
（金色不粘）

玛芬（麦芬）模：适合制作纸杯状奶油蛋糕、海绵蛋糕、磅蛋糕等。要垫上纸杯使用，拿取和携带都方便。如果直接使用蛋糕纸杯烤制，有些纸杯太单薄，会被面糊压塌而变形。

UN11005-12连麦芬烤盘
（双面矽利康）

6连空心模：适合烤奶油蛋糕，防粘效果好。中心部位可填入馅料。

UN11101-6连空心圆模
（双面矽利康）

6连南瓜模：适合烤奶油蛋糕、布丁蛋糕。防粘效果好，中心部位可填入馅料。

UN11104-6连南瓜模
（双面矽利康）

不粘批萨（披萨）盘：用于做批萨。防粘效果好，不需要涂油防粘。

UN26005-9吋披萨盘
（硬膜）

活底派盘：适合做派、批萨。防粘效果好，易脱模。

UN26142-18cm 活动圆形派盘
（双面矽利康）

长方形派盘：活底，易脱模，防粘效果好。

UN26121-活动长方形派盘
（双面矽利康）

空心布丁模：适合烤布丁蛋糕，或用于做果冻和布丁。

UN20001-空心圆模
（双面矽利康）

不粘菊花模：适合做挞、蛋糕、面包。防粘效果好，易脱模。

UN20011-小花蛋糕模
（双面矽利康）（4入）

小动物蛋糕模：适合烤奶油蛋糕、海绵蛋糕，易脱模。做出的蛋糕形状可爱，深受孩子们喜爱。

UN20008-小熊模
（不粘）

烘焙的终极 "武器" ——烤箱

几乎所有的烘焙过程，用烤箱烤制都是必须的关键一步，这一步是对之前精心操作的一个 "总结"，影响到成品的品相和味道，不可轻忽。

烤箱不仅可以烤面包、蛋糕、饼干、批萨等等，还可以烤肉、烤红薯、烤栗子，加热凉掉的烤肉、饼子等食物更是一把好手，真的是非常能干哦。

古人云 "工欲善其事，必先利其器"，有一台趁手的、好用的烤箱，是帮助你做出满意的食物的一个重要前提。烤箱的选择是有很多学问的，使用和保养也有一些细节需要我们关注，跟我一起来了解一下吧。

一、烤箱的分类

我们在家里用的烤箱分为台式烤箱和嵌入式烤箱两种。

1. 台式烤箱

台式烤箱又分机械版和电脑版两种。

机械版通过旋钮选择温度等，优点是价格多数较低；缺点是温度控制模糊，通常不太准确，需要配合温度计并具有一定的经验去加以调节。如果您预算不足，或者只是烤烤肉什么的，或者是新手入门想先试试看；又或者是烘焙达人，玩烘焙已达随心所欲的境界，可以选择机械版，挑战操作技能，使用上的不确定性带来另一种感受。

电脑版的控制面板是电子屏显示的，优点是温控准确，加热均匀；一键式操作，使用更简便。好的电脑版台式烤箱温差能控制在±5℃之内，让温度计基本不再有用武之地；有的烤箱还配备双层玻璃门以阻隔热量和辐射的外传，热效率更高，安全性也更高。

现在较为高端的电脑版烤箱甚至可以联网，让操作者随时下载食谱配方，通过 APP 发送烘烤完毕的消息，你不必再守在烤箱前等待出炉。

当然了，电脑版台式烤箱的缺点也是很明显的，那就是价位较高；操作过于简便，没那么有挑战性。

台式烤箱容量从 9 升到 60 升都有，容量选择余地大，使用灵活，可以根据需要放在不同的地方使用。由于品质、配置的不同，价位从几百元到几千元不等。

2. 嵌入式烤箱

嵌入式烤箱可谓台式烤箱的升级版。

嵌入式烤箱的容量和功率都较大，采取背部加热模式，双管加热，背部加热会让食物受热更均匀，并且散热的时候还能保证橱柜不受损坏，不锈钢材料更加经久耐用！嵌入式烤箱烘烤速度快、密封性好（一般采用橡胶垫条密封）、隔热性好（三层钢化玻璃隔热）、温度控制准确，成功率更高，从而受到越来越多人的喜爱。好的嵌入式烤箱更有防爆、隔热、实时温度显示、方便清洁等特点，让使用者更加得心应手。

二、烤箱的选择

1. 一台好的烤箱，首先外观应该做到**密封良好**，这样才能减少热量散失，节省能源。

2. 烤箱的开门方式大多是从上往下开，因此要仔细试验**箱门的润滑程度**。箱门不能太紧，否则用力打开时容易烫伤人；也不能太松，防止使用中不小心脱落。

3. 选择适合的功率。烤箱**并不是功率越低越好**，高功率电烤箱升温速度快、热能损耗少，反而会比较省电。家用电烤箱一般应选择1000瓦以上的产品。

4. **家用烤箱容量**以25升以上为好，常用为35升。

5. **烤箱的层数**应有3~5层，若烤箱太小，那么烤戚风蛋糕、吐司时就会因为离发热管太近而容易烤糊。

6. **功能选择**。除基本的烘烤功能外，若能带有发酵功能、热风循环功能更佳。

7. **上下火选择**。如果条件允许，最好是选择上下火可分别控制的烤箱，烘烤更精准；如果买到的不是分别控制上下火的，可通过调整烤盘位置适当加以调节。

8. 烤箱的**隔热性能要好，温度要精准**，购买烤箱后，要用烤箱温度计来测试温度。了解自己烤箱温度的"性格"，才能烤出成功的作品。

三、烤箱的使用和清洁

放置烤箱时注意，应将烤箱放在平稳的、可隔热的水平面上使用，周围要留出足够的空间，保证烤箱表面到其他物品至少有10厘米的距离。烤箱顶部不是储藏空间，不要放物品。

清洁烤箱前记得拔掉插头，等烤箱完全冷却后再进行清洁。使用中性清洗剂来清洁使用过的附件，注意不要用尖锐的工具划伤烤盘。如果看到加热管上沾上了油污，要用柔软的湿布擦洗干净，以免下次用的时候产生异味。

四、如何进行测温？

烘焙中了解烤箱温度设置与实际的温差非常重要，所以要先对烤箱进行测温，具体如何操作呢？首先把烤箱开启，设置温度为180℃，时长为30分钟，把烤箱温度计放在烤箱中层位置，30分钟后观察烤箱温度计显示的温度是否为180℃。有时会出现这样的情况：烤箱设置180℃，可是烤箱温度计显示达到了200℃（即烤箱实际温度偏高20℃），或者烤箱温度计显示150℃（即烤箱实际温度偏低30℃）。如此反复多试几次，就可以知道自己用的烤箱的温差了，使用时就要以烤箱温度计实测的温度来烤。例如，书上写180℃烘烤，那么实际温度偏高20℃的烤箱，就要设置为160℃；实际温度偏低30℃的烤箱，就要设置为210℃。

要特别说明的是，采用水浴法烤芝士蛋糕时，因为有水蒸汽的关系，烤箱的实测温度会比烤箱设置温度低30℃，这是正常现象。

烤箱的预热

无论烤什么东西，烤箱都要提前进行预热，因为如果不预热烤箱就把食物放进去烤制，那么食物在升温过程中就会散失水分，烤出来的东西会又干又硬。

烤箱的预热很简单，**方法如下**：以烤饼干为例，要求165℃上下火烤25分钟，就将旋钮调至上下火，将烤箱温度调至165℃（要考虑烤箱温差后根据具体情况设置）开始加热，10~15分钟后烤箱就会达到预设的温度，加热管由亮变暗，说明预热完成，这时再将已经制作好的饼干坯放入烤箱中，再设置时间为25分钟即可。

盛装、收纳工具

玛芬（麦芬）收纳盒：某些磅蛋糕、海绵蛋糕、玛芬蛋糕要静置回油后才更湿润，味道也更浓郁，这时使用玛芬收纳盒就是很好的选择，可以反复使用，环保又卫生。蛋糕要密封保存，一旦表面的水分挥发就会变干、变硬，口感不佳。

UN39000-麦芬蛋糕手提盘

面包板、批萨（披萨）板：可以摆放面包、批萨，也可当砧板使用。要选择防水性能好的，这样不易腐烂。

UN41002-披萨板

UN41001-面包板

UN41000-面包板

其他辅助工具

隔热手套：刚烘烤好的成品会很烫，所以在从烤箱里取出之前一定要戴上隔热手套。

Tips：最好的选择是硅胶隔热手套，易清洁，隔热效果好。

UN32500-耐高热手套

冷却架：烘烤好的饼干、蛋糕需要放置在上下通风的冷却架上放凉，如果底部不通风，饼干、蛋糕的热气就会使其反潮，饼干不能变得酥脆，蛋糕会变湿。

UN28021-正方形冷却架(矽利康)

硅胶操作垫：通常带有长度标注，具备量尺功能，既可以在上面揉面团，还可直接量出所需长度。

UN29100-硅胶面团工作垫

饼干印章：可在饼干面团上印出各种花样，创造属于自己的、有独特风格的饼干。

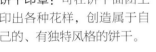

UN52102-饼干印章（圣诞快乐）

花嘴刷：用来清洁裱花嘴。

UN55500-花嘴刷

毛刷：大小、长短依用途随意选择，可用于刷蛋液、酒糖液，或刷去多余的粉类。

UN32001-羊毛刷

分类小碗：做西点需要称量的材料很多，可以多准备一些小容器来盛装，最好是不同色泽的，这样才不会把材料搞混。

UN36000-分料盘(4入)

排气擀面棍：塑料材质，上面有凸出的一排排小点，在擀压发酵面团，如面包、批萨面团时，突出的小点可以帮助排气。

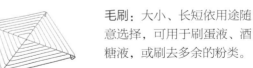

普通擀面棍：木质材质，可擀压非发酵面团，如饼干、派皮等；也可用于帮助卷起蛋糕卷。

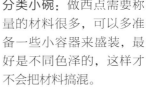

烘焙材料

粉类材料

（保存方式：除酵母外，其他可用胶袋或瓶罐密封，室温保存）

面粉类

高筋面粉： 蛋白质含量在 11.5% 以上，色泽偏黄，颗粒较粗，不容易结块，容易产生筋性，适合做面包、批萨等有嚼劲的点心。因为市面上的高筋面粉级数不同，不是所有的高筋面粉都适合做面包，所以做面包时推荐使用专用面包粉。

中筋面粉： 即普通面粉，蛋白质含量平均在 11% 左右。大部分中式点心都是以中筋面粉来制作的，如包子、馒头、饺子等。

Tips

中筋面粉常见品种有特制粉、上白粉、标准粉。根据国家规定标准，特制粉的面筋质不低于 26%，上白粉不低于 25%，标准粉不低于 24%。面筋质的高低与小麦品质和加工工艺有关，面筋质越高，面粉质量就越好，因此从质量上说，特制粉比上白粉好，上白粉比标准粉好。

低筋面粉： 蛋白质含量在 7.5% 以上，色泽偏白，颗粒较细，容易结块。适合用于做蛋糕、饼干等。如没有低筋面粉可自己调配，75 克中筋面粉加 25 克玉米淀粉混匀即可。

全麦粉： 是指面粉中没有添加增白剂和增筋剂的原味原色面粉，大部分含有麸皮，这种面粉中的粗纤维对人体健康非常有益。

如何选购优质面粉

一看： 看面粉的色泽和组织状态，优质面粉色泽呈白色或微黄色，不发暗，无杂质，手指捻捏时呈细粉末状，无粗粒感，无虫和结块，置手中紧捏后放开不成团。而过量添加增白剂的面粉呈灰白色，甚至青灰色。

二闻： 优质面粉具有正常的气味，无异味，而微有异味如霉臭味、酸味、煤油味及其他异味的为次质、劣质面粉。

三尝： 优质面粉味道可口，淡而微甜，没有发酸、刺喉、发苦、发甜及其他滋味；若淡而乏味，或微有异味，咀嚼时有砂声，或有苦味、酸味，发甜或其他异味、有刺喉感的为次质、劣质面粉。

四选： 选择正规品牌的面粉，品质相对有保障。

（如何储存面粉）

1. **通风**：面粉是有呼吸作用的，所以必须放在空气流通好的环境中，不可靠在墙壁上，不可直接放在地上。

2. **湿度**：面粉自身越干越好，环境湿度以相对湿度55%～65%为宜。

3. **温度**：温度过高会缩短面粉的保质期，储藏的理想温度为18~24℃。

4. **清洁**：环境洁净可减少害虫的滋生和微生物的繁殖，减少面粉受污染的机会。

5. **异味**：面粉会吸收气味，所以不可放在有异味的环境中。

6. **夏季储藏**：夏季气温高、湿度大，面粉装在布口袋里容易吸潮结块，进而霉变，还容易生虫。可以将面粉倒出来，在阴凉通风处透气约4个小时，然后用密封袋密封好，放在通风的地方就可以了。若已经受潮，就不要再往塑料袋里放了。

Tips：
面粉的主要成分是淀粉，久存的面粉会逐渐水解生成葡萄糖，葡萄糖又会继续分解成醇和各种有机酸，对健康不利，因此不可再食用。

（烘焙面粉的更多选择）

烘焙用的面粉，最常见的就是前面讲到的高筋面粉、低筋面粉和中筋面粉。但随着人们烘焙热情的不断高涨，对面粉的要求也越来越高，有实力的面粉厂家推出了更多、更细化的产品，以满足不同的烘焙品类的需求，如曲奇饼干粉、披萨专用粉、吐司面包粉、月饼粉、戚风蛋糕粉等，这些专用面粉有针对性地调整了成分配比，能大大提升烘焙作品的成功率。

其他粉类

从左至右：澄粉、粘米粉、糯米粉、玉米淀粉

澄粉：澄粉又称澄面、小麦淀粉，是一种无筋的面粉，小麦制品。可用来制作各种点心如虾饺、粉果、肠粉、冰皮月饼等。制作出来的点心皮是透明的，是加工过的面粉，用水漂洗过后，把面粉里的粉筋与其他物质分离出来，粉筋形成面筋，剩下的就是澄粉。

粘米粉：粘米粉是采用普通大米磨制而成的，色泽上微微带点灰白。可用来制作冰皮月饼、蛋糕、饼干等。

糯米粉：使用糯米磨制而成，色泽灰白，可用来制作冰皮月饼、雪媚娘等点心。

玉米淀粉：又称鹰粟粉，白色粉末状，无筋性，可添加在面粉中以降低筋性，或少量加入蛋白中增加蛋白的稳定性。

辅助粉类

从左至右：泡打粉、酵母粉、苏打粉、鱼胶粉、吉利丁片

泡打粉：是西点膨大剂的一种，经常用于蛋糕及饼干的制作。它是由苏打粉配合其他酸性材料，并以玉米粉为填充剂的白色粉末。使用时和面粉一起混合过筛效果最好，泡打粉最好购买无铝泡打粉，含铝泡打粉对人体健康不利。**保存方式：密封，室温。**

即溶酵母粉：色泽微黄，颗粒状。本书使用的是"耐高糖即溶酵母粉"，适合做面包、批萨等含糖量高的发酵点心。**保存方式：密封冷藏。**

苏打粉：也叫小苏打，是由纯碱的溶液或结晶吸收二氧化碳之后制成的，成分为碳酸氢钠。小苏打为粉末状固体，色洁白，易溶于水。

吉利丁粉：又称鱼胶粉，是提取自鱼鳔、鱼皮的一种蛋白质凝胶。纯蛋白质成分，不但是健康的低卡食品，更可以给肌肤补充胶原蛋白。鱼胶粉的用途非常广泛，是自制果冻、慕斯蛋糕等多种甜点不可或缺的原料。使用时要提前用 3~4 倍量的清水浸泡至吸收水分，再加清水隔水软化成液态。鱼胶粉通常比较腥，所以制作时会添加少许朗姆酒去腥味。

吉利丁片：半透明的片状，黄褐色。现在最常见的规格是每片 5 克。它和鱼胶粉可以等量互换使用。相较鱼胶粉（吉利丁粉）来说，吉利丁片的纯度更高，且没有腥味。

制作时要先把吉利丁片剪成小片，浸泡在 100 克冰水中至软，然后再从水中拿出来隔热水软化。如果浸泡的水温过高，吉利丁片就会溶化，没办法取出来。溶化吉利丁片的水温不可超过 70℃，否则会影响吉利丁的凝固能力。

调味粉类

从左至右：奶粉、吉士粉、可可粉、抹茶粉、椰蓉

奶粉：常用在蛋糕、面包或饼干中以增加风味。通常分为低脂、全脂两种，建议使用无糖全脂奶粉，这样制作的成品奶香味更为浓郁。

吉士粉：吉士粉是一种香料粉，呈粉末状，浅黄色或浅橙黄色，具有浓郁的奶香味和果香味，是由疏松剂、稳定剂、食用香精、食用色素、奶粉、淀粉和填充剂组合而成的。

无糖可可粉：内含可可脂，不含糖，口感带苦味，易结块，使用前要过筛。

绿茶粉：用绿茶磨制的粉末，不含糖，微苦，不易混和，做蛋糕前用开水冲成液态。

椰蓉：椰丝和椰粉的混合物，是把椰子肉切成丝或磨成粉后，经过特殊的烘干处理后混合制成的。用来做糕点、月饼、面包等的馅料和撒在糖葫芦、面包等的表面，以增加口味和起装饰作用。

糖类材料 （保存方式：用胶袋或瓶罐密封，室温保存）

从左至右：细砂糖、粗砂糖、糖粉、红糖

细砂糖：颗粒较细，最常用于蛋糕、面包的制作，熬煮糖浆等，其特点是容易溶化及搅拌。

粗砂糖：颗粒较粗，不易溶化，通常只用于面包、饼干、蛋糕的表面装饰。

糖粉：呈白色粉末状，为防止结块会添加一定量的玉米淀粉，容易溶化，最常用于饼干的制作。如手头没有糖粉，可用搅拌机将砂糖搅成粉末状代替（即纯糖粉）。搅拌后需过筛，以免有粗颗粒的砂糖没搅匀。

红糖：又称黑糖，有浓郁的焦香味。容易结块，使用前需先过筛或用水溶化。

麦芽糖：由含淀粉酶的麦芽作用于淀粉制成，有黏性及麦芽的香味，含糖量较蔗糖低。拿取时可用手蘸些凉水以防粘在手上。

蜂蜜：芳香而甜美的天然食品，常用于蛋糕、面包制作中，除可增加风味外，还可起到保湿的作用。

水饴：由发芽小麦磨成的淀粉制作而成的一种糖类，透明，浓稠度如蜂蜜。添加在蛋糕中可起到保湿的作用；用来制作糖果可以减少砂糖的用量。

干果类材料 （保存方式：密封冷藏）

添加在西点中用于增加口感和风味。

| 红枣 | 葡萄干 | 蔓越莓干 | 桂圆干 |

美国大杏仁　　　　南瓜子　　　　　葵瓜子　　　　　核桃仁

巧克力类材料

（常用品牌：嘉利宝/Callebaut。开封后需密封，室温保存）

从左至右：70%黑巧克力、33%牛奶巧克力、白巧克力、耐高温巧克力（烘焙专用巧克力）

黑巧克力：本书使用的是 70% 的黑巧克力，因为巧克力的含量很高，所以味道偏苦，而且熔化后比较浓稠，不易抹开。如果单独用它来做点心，味道会发苦，所以我通常配合牛奶巧克力一起使用。

牛奶巧克力：本书使用是 33.6% 的牛奶巧克力，因为黑巧克力的含量不高，故甜味较浓。

白巧克力：不含可可粉，是由可可脂制成的，主要成分是牛奶和糖，比黑巧克力的甜度高许多，熔化温度也较黑巧克力要低，可用来制作蛋糕和做表面装饰。

巧克力豆：烘焙专用耐高温巧克力，具有巧克力的风味，在烘烤中不容易熔化。这种巧克力不能熔化用来做蛋糕，因为熔化成的酱会很浓稠，无法流动。

油脂、芝士材料

从左至右：黄油、植物油、动物鲜奶油、奶油奶酪芝士、马苏里拉芝士、芝士粉

黄油（Butter）：又称奶油，是用牛奶提炼而成的，色微黄，带淡淡的奶香味，是制作饼干、蛋糕、面包最常用的油脂。建议选用无盐黄油。**常用品牌：安佳。保存方式：密封冷藏。**

植物油：制作蛋糕或饼干时使用的植物油必须是无色无味的，如玉米油、葵花子油、橄

榄油等。不要使用花生油等有浓郁味道的油。**常用品牌：多力。**

动物鲜奶油（Whipping Cream）：也称动物淡奶油、淡奶油，是用牛奶提炼而成的，本身不含糖分，白色如牛奶状，较牛奶浓稠。乳脂肪含量在 18% 以上。乳脂肪含量为

20~30% 的鲜奶油，适合用来做咖啡发泡奶油；用来给蛋糕裱花，则必须用乳脂肪含量在 35% 以上的；若达到 45% 以上，会非常容易打发。

按分类来讲，乳脂肪含量 35%~38% 属低脂肪鲜奶油，40%~45% 属高脂肪鲜奶油。

特别提醒大家，很多蛋糕房是用植物鲜奶油制作裱花蛋糕的。因为其中添加了稳定剂，其塑型效果会更好，打发也很容易，还可以很好地保持形状。但从食用安全性考虑，则不建议使用植物鲜奶油，因为其中含有大量的反式脂肪，长期食用不仅容易引发肥胖，更容易引起动脉硬化等心脑血管疾病，以及糖尿病。**保存方式：未开封时放 4℃冷藏保存；开封后须密封，放 4℃冷藏保存，并于一周内用完。**

奶油奶酪芝士（Cream Cheese）：牛奶制成的半发酵乳酪，柔软的固体状态，含有相当高的脂肪。常用来制作芝士蛋糕及慕斯蛋糕。**常用品牌：安佳。保存方式：密封冷藏，一周内用完。**如一周内吃不完，要密封后冷冻保存，食用前先室温软化或隔热水化开，并用电动打蛋器反复搅打至无颗粒。

马苏里拉芝士（Mozzarella Cheese）：用水牛乳制成的一种淡味奶酪，色泽淡黄，是制作批萨的重要原料之一，要先刨成细丝状，经高温烘烤即会熔化。**保存方式：密封后冷冻。**

芝士粉（Parmesan Cheese Powder）：黄色粉末，有浓烈的奶香味，多用于制作面包及饼干时增加风味。**常用品牌：卡夫 / Kraft。**

添香材料

从左至右：朗姆酒、香草豆荚、香草精

朗姆酒（Rum）：是以甘蔗糖蜜为原料生产的一种蒸馏酒，也称为糖酒、兰姆酒、蓝姆酒。原产地在古巴，口感甜润、芬芳馥郁。朗姆酒是用甘蔗压出来的糖汁，经过发酵、蒸馏而成的。根据不同的原料和酿制方法，朗姆酒可分为：朗姆白酒、朗姆老酒、淡朗姆酒、朗姆常酒、强香朗姆酒等，酒精含量38% ～ 50%，酒液有琥珀色、棕色，也有无色的。

香草豆荚：梵尼兰的豆荚，又叫香草枝，是一种非常名贵的香料，有着广泛的应用。香草豆荚中含有 250 种以上芳香成分及 17 种人体所需的氨基酸，具有极强的补肾、开胃、除胀、健脾等医学效果，是一种天然滋补、养颜良药。其香气很容易与其他食物融合，先以小刀将香草豆荚从中间切开，稍微刮一刮，然后将整只豆荚与刮下的香草泥一起浸泡在所要使用的食材内以增加香味。

香草精：从香草豆荚中提取的食用香精，相比香草豆荚，香草精更容易保存，使用更方便。

鸡蛋

鸡蛋大致分为土鸡蛋和饲养鸡蛋两种，两者大小相差很多，**大鸡蛋单只去壳重可达60克，小鸡蛋单只去壳重只有35克左右。**所以本书中多标注鸡蛋重量而不只写个数，以便使用量准确。

鸡蛋是制作蛋糕的重要材料，制作蛋糕的鸡蛋必须新鲜，才能保证打发的蛋液稳定性好，做出成功的蛋糕。

烘焙基本操作

室温回温

制作饼干、磅蛋糕、玛芬蛋糕时，鸡蛋、牛奶及鲜奶油等液体材料都需要提前从冰箱取出，室温回温。因为如果将过冷的液体材料加入打发的黄油中，会造成油水分离。

面粉过筛

面粉过筛不但可以减少面粉结块的现象，而且过筛使面粉中充满空气，做出来的成品组织会更均匀、细腻。

室温软化

黄油、奶油奶酪这两种东西都需要提前从冰箱冷藏室取出，切成小块放在室温下软化，软化至用手指可以轻松按压出痕迹即可。

模具垫纸

1   2   3   4

1.把模具反扣在案板上，裁出一张比模底大的油纸。

2.把油纸按着模具的形状，四周折起来。

3.用剪刀把油纸四角剪开。

4.把油纸放入模具内，将四周按折痕折好，在模具周围涂一点软化的黄油，把油纸粘在模具上即可。

隔水加热

熔化黄油、巧克力、吉利丁，以及煮某些酱类、给蛋液加温时，都需要隔热水加热，因为如果直接明火加热的话，容易把材料烧煳。

隔水加热时，每种材料所隔热水的温度都不同，具体见下表。

黑巧克力	白巧克力	吉利丁	全蛋液
50℃	45℃	60~70℃	45℃左右
黄油	温度要求不高，化开即可。		

蛋糕脱模

刚烘烤出来的蛋糕，在还没有完全冷却前不要急于脱模，因为这时蛋糕还很软，没有定型，如果急于脱模就会造成蛋糕破碎、残缺、塌陷等。

在确定模具已经不烫时，就可以开始用脱模刀脱模了：沿着模具边缘小心划过（图 a），一定要一气呵成，中途不要提起刀具，以免重新插入时破坏蛋糕体。如果是活底模具，将蛋糕从模具中取出后，再用蛋糕抹刀将蛋糕底部从模具下划出来即可（图 b）。

如何判断蛋糕成熟？

第一：烘烤至闻到香味逸出、蛋糕表面变为黄色时，用手指轻压蛋糕表面，感觉到蛋糕有弹性，手指一压下去就弹回来了，不会留下凹进去的手指痕，说明蛋糕熟了。

第二：玛芬蛋糕和磅蛋糕在烘烤过程中，表皮会先烤结实、变硬。这时可以用长竹签插入蛋糕中，如果拔出的竹签上粘有面糊，说明蛋糕还没有成熟。在磅蛋糕上用利刀割开一道口子，有助于将内部烤熟。

烘焙"打发"技法

★制作疏松的饼干，要打发黄油；制作细腻松软的蛋糕，要打发黄油、鸡蛋等；还有鲜奶油，更是要打发到不同程度，才能适应不同的需要。

为了方便读者看清材料状态，书中使用了耐高温、抗裂的法国制微波炉专用玻璃碗，如果您是在家里制作，推荐使用不锈钢材质的打蛋盆，要选择较深且容量大的，这样在搅拌的过程中材料不会飞溅得到处都是。

打发蛋白

鸡蛋白中含有一种可减弱表面张力的蛋白质，加入砂糖后可以打发出非常绵密、细腻的气泡，这是使蛋糕膨胀和松软的关键，故打发蛋白是学习烘焙必须掌握的技巧。和全蛋打发相比较，蛋白打发更容易，稳定性也更好。

打发蛋白的注意事项：

1. **要选择新鲜的鸡蛋**，新鲜鸡蛋的蛋白是浓稠的，而不新鲜的蛋白如清水一般，且容易与蛋黄分离。

2. 打发蛋白前要把**鸡蛋冷藏 1 小时以上**，因为冷藏的鸡蛋虽然较不易打发，但其稳定性、持久性更好，打发后不易发泡。

3. 油脂类会阻止蛋白的打发，所以要确定搅拌盆和打蛋头都是干净、干燥、无油的。分蛋时不要把蛋黄混入蛋白中，因为如果蛋黄中含有油脂，会影响蛋白的发泡。

4.蛋白是碱性物质，通过**添加酸性的柠檬汁、白醋或塔塔粉**，可以帮助蛋白打发以及中和蛋白的碱性。如果没有也可以不加。

5.**细砂糖分次加入。**加入细砂糖后再打发，打出的气泡较为细密而且稳定性强；若蛋白中没有添加砂糖就直接打发，虽然可以很快地出现大气泡，但稳定性不佳，会很快消泡。若一开始就将砂糖全部加入，蛋白会产生黏性和弹性，导致打发困难；若打发完后再加入大量砂糖，又会破坏掉已产生的气泡。所以要把砂糖分次加入，每次加入后都要充分搅打，再加入下一次。

6.**打好的蛋白霜要马上使用**，不能停留太久，否则容易发泡或结块，造成不易和蛋黄糊拌匀，其膨胀力也会减弱。

材料准备：蛋白3颗，细砂糖50克，柠檬汁或白醋少许

操作过程：

1.将蛋白盛入干净、无水、无油的打蛋盆内，加入几滴柠檬汁。
2.用电动打蛋器中速将蛋白搅打至起鱼眼泡。约需搅打半分钟。
3.加入1/3的细砂糖。
4.继续用电动打蛋器中速搅打，至蛋白体积膨大1倍、起些微纹路时，再加入1/3细砂糖。

此时的状态称为湿性发泡，即六分发。适合做慕斯蛋糕。

5.继续用电动打蛋器中速搅打，纹路会越来越明显，提起打蛋头，蛋白尖端呈下垂的状态。

此时的状态称为中性发泡，即八九分发。适合做中空戚风蛋糕、蛋卷。

6.再加入剩余的细砂糖，继续用电动打蛋器中速搅打，会感觉蛋白霜纹路更明显，打蛋器走过会有少许阻力。提起打蛋头，蛋白霜可拉起较长的弯钩状。用手动打蛋器搅拌几下，提起，蛋白霜呈弯勾形。

此时的状态称为干性发泡，即十分发。适合做圆模戚风蛋糕、巧克力蛋糕等。

7.继续用电动打蛋器中速搅打，至手感有明显的阻力，提起打蛋头时尖端是短而小的尖峰，盆底拉起的蛋白霜是直立的。用手动打蛋器搅拌几下，提起，蛋白霜尖峰应是直立的。

错误示范：

千万不要搅打过度，搅打过度的蛋白霜会变成干硬的块状，做出来的蛋糕干燥、易回缩。

搅打过度

打发蛋黄

打发蛋黄做出的蛋糕糊不易消泡，做好的蛋糕组织绵密、细腻，有浓郁的蛋香和很好的保湿性。

打发蛋黄的注意事项：

1.蛋黄容易干燥，所以**分离后要及时覆盖保鲜膜**。加入细砂糖后要立即搅拌，否则砂糖会吸收水分，造成蛋黄变硬、干燥，溶解性变差，乳化能力也随之降低。

2.在打发蛋黄时，为了让蛋黄更好地乳化，要把蛋黄隔水加温，以帮助打发。隔水加热时水温不宜超过45℃，加热时要不停地搅拌，让蛋液受热均匀，避免热水将盆边的蛋液烫熟。蛋黄的打发时间比全蛋更长，所以在搅拌的时候要有耐心。

材料准备：蛋黄3颗，细砂糖30克

操作过程：

1.将蛋黄放入干净、无水无油的打蛋盆内，加入细砂糖。锅内加水烧至45℃左右（用手试一下，感觉略有些烫即可），将打蛋盆放入热水锅中。

2.边加热边用手动打蛋器搅拌至砂糖溶化，蛋液温度达到38℃左右，将打蛋盆从温水锅中取出。

3.用电动打蛋器中速搅打蛋黄，开始时蛋黄液是黄色的。

4.搅打约5分钟时蛋液开始变得浓稠，色泽转为浅黄色。提起打蛋头，蛋液如流水般快速流下。

5.继续搅打，一直打到打蛋头经过的地方会泛起纹路，提起打蛋头时蛋液较慢地流下，流下的痕迹在5秒内缓慢消失，即完成打发。

打发全蛋

全蛋打发，是指将整颗鸡蛋加细砂糖一同打发，比分蛋打发要省事些。

全蛋因为含有蛋黄的油脂成分，会阻碍蛋白的打发，但因为蛋黄除了油脂外还含有卵磷脂及胆固醇等乳化剂，所以在蛋黄与蛋白为1：2比例时，蛋黄的乳化作用增加，并很容易与蛋白及包入的空气形成黏稠的乳状泡沫，所以仍旧可以打发出细致的泡沫，是海绵蛋糕的主要做法之一。

打发全蛋的注意事项：

1.全蛋打发添加的砂糖会比较多，因为砂糖会使气泡更细密、稳定，所以不要随意减少砂糖的量。

在给鸡蛋加温时水温不要过高，以免把蛋液烫熟。在加热的过程中，要不停用手动打蛋器搅拌，既使砂糖容易溶化，又使蛋液受热均匀，否则会使得盆边的蛋液被烫熟，而中心的蛋液还是冷的。

2. 打发全蛋所需时间比打发蛋白要长，打发的时候要有耐心，因为每款打蛋器的功率不同，个人打发手法不同，所以不能以时间来定，而要以蛋液的状态来判断是否打发到位。

3. 因为蛋黄中含有油脂，会使得气泡难以形成，比单独打发蛋白更为困难，所以打发前需要给鸡蛋加温。这样做，第一可以加速蛋液中的砂糖溶化，第二可以削弱鸡蛋的表面张力，更容易搅打出气泡。

材料准备：全蛋3颗，细砂糖75克

操作过程：

1. 将鸡蛋敲入干净的、无水无油的盆内，加入全部细砂糖。

2. 准备一锅清水，烧至45℃左右熄火。若没有温度计，可用手试一下，温度接近于平常洗澡水的温度就可以了。

3. 盛蛋的盆放入锅内，隔水加热。

4. 一边加热，一边用手动打蛋器搅拌，直至砂糖溶化。

5. 当蛋液温度达到38℃左右即可将蛋液端离热水。可用手测试温度，接近人体温度即可。

6. 此时蛋液是黄色的。用电动打蛋器中速开始打发。

7. 打发过程中，蛋液开始变白，泛起较大的气泡，体积膨大1倍。

8. 继续打发，这时蛋液更白，气泡变小，提起打蛋头，蛋液流下的速度比较快，流下的痕迹很快就会消失。

9. 再继续打发，直到蛋液的气泡变得很细腻，体积膨大至3倍，提起打蛋头时，用蛋液可以画出一个圆润的"8"字形，并在10秒后才消失。这时改为低速，再搅打1分钟，以消除大气泡，使气泡更稳定。

10. 打发完成的蛋液，应很光滑、细腻、无明显的大气泡，提起打蛋头时会留下少许痕迹，插入的牙签可以直立不倒，即表示打发成功了。

打发黄油

黄油分为有盐黄油和无盐黄油两种，有盐黄油的保质期较长，无盐黄油则相对较短。我们制作蛋糕通常使用的是无盐黄油。通过打发黄油，可以将它和其他材料混合得更均匀，饱含空气，使得蛋糕或饼干更蓬松，组织更绵密。

打发黄油的注意事项：

1. 将黄油软化后就可以打发了，一定不要将其化成液体状，因为一旦黄油化成液体，即使再重新冷却凝固，都会失去以上效果。

2. 要加入在室温下回温的鸡蛋，不能直接用冰箱冷藏室取出的鸡蛋。

3. 要分次加入蛋液，不能一次性加入。

材料准备：黄油240克，糖粉200克，鸡蛋2颗（约100克）

操作过程：

此时不可直接用电动打蛋器搅打，不然糖粉会飞溅出来。

1. 将鸡蛋和黄油提前从冰箱中取出，置室温下回温。鸡蛋打散；黄油软化至用手指可轻松压出手印，切小块。
2. 将黄油块放入搅拌盆中，用电动打蛋器低速搅散。
3. 根据配方需要，一次性加入糖粉或细砂糖。
4. 用橡皮刮刀混合均匀。
5. 用电动打蛋器先低速后中速搅打，直至黄油色泽变浅，体积膨大1倍。
6. 分次少量加入打好的鸡蛋液。
7. 用电动打蛋器中速搅匀，并不时用橡皮刮刀把盆边刮干净。每倒入一次蛋液，都要快速用打蛋器搅匀，直至所有材料搅成乳膏状，再加入下一次。
8. 打好的黄油状态：色泽浅白，质地光滑、细腻，如羽毛般蓬松。

错误示范：

一次倒入过多蛋液，或使用了冷藏鸡蛋，会造成油水分离。遇到这种情况可以隔水加热片刻，再用电动打蛋器搅打均匀。

黄油出现油水分离现象

打发动物鲜奶油

动物鲜奶油色泽呈淡黄色，有浓郁的奶香味，口感香滑细腻，入口即化。用于制作甜点时可增加润滑口感及奶香味。

保存动物鲜奶油的适宜温度是5℃以下，故通常将其保存在2~5℃的冰箱冷藏室中。在进行打发及裱花的过程中也都要保持低温环境，一旦超过10℃，其风味和形态就都会受到影响。

打发动物鲜奶油的注意事项：

1. 打发用的鲜奶油含脂量应在33%以上。

2. 打发前需提前放冰箱冷藏8小时以上。

3. 如果是在夏季室温高时操作，则需要将打发鲜奶油的容器放入冰水中，以控制温度，使鲜奶油不会熔化。

材料准备： 动物鲜奶油200克，糖粉20克

操作过程：

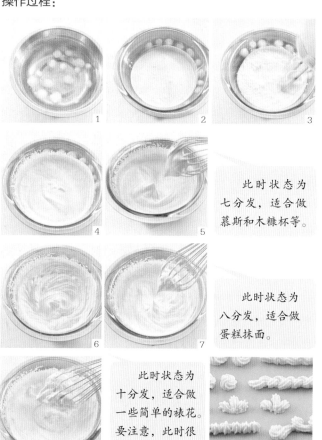

此时状态为七分发，适合做慕斯和木糠杯等。

此时状态为八分发，适合做蛋糕抹面。

此时状态为十分发，适合做一些简单的裱花。要注意，此时很容易打发过度。

1. 提前把鲜奶油放入冰箱冷藏8小时以上。准备一盆清水并放入冰块。

2. 把鲜奶油、糖粉装入盆内，再连盆一起放入冰水盆中。

3. 隔着冰水，用电动打蛋器中速搅打，开始的时候鲜奶油是液体状的。

4. 逐渐变得浓稠如酸奶一般，提起打蛋头时滴落的奶液会留下痕迹。这时要转成低速搅打，以免不小心打发过度。

5. 搅打至打蛋头移动时会留下轻微纹路，用手动打蛋器搅拌几下提起，尖峰呈下垂状。

6. 继续用电动打蛋器低速搅打，至纹路越来越明显、电动打蛋器移动时感觉有阻力，停机。

7. 用手动打蛋器搅拌几下，提起打蛋头，顶端是直立的尖峰。

8. 继续用手动打蛋器搅拌几下，至奶油变得更加坚挺，鲜奶油会成团缠在打蛋头上。

9. 裱花袋安上适合的花嘴（图示为418-16 Wilton 16号花嘴），灌入打至十分发的鲜奶油，可裱出多种花形。

错误示范：

因为打发动物鲜奶油时容器底部没有垫冰块，温度太高，造成奶油变成像豆腐渣一样的状态。

鲜奶油变得像豆腐渣

PART 1

时尚西点

①酥香饼干　②甜蜜蛋糕
③松软面包　④花样派挞
⑤风味批萨

皇家曲奇

工具准备

厨房秤、面粉筛、16厘米打蛋盆、橡皮刮刀、电动打蛋器、大号裱花袋、8齿花嘴、不粘烤盘、马卡龙硅胶烤垫、烤箱、烤架

材料准备　　此配方可做皇家曲奇 23 块

黄油80克，细盐1克，香草精1/4小匙，糖粉50克，曲奇饼干粉（或低筋面粉）115克，奶粉5克，动物鲜奶油（或全蛋液）42克

准备工作

1.将奶粉、曲奇饼干粉用面粉筛筛在干净的盆中。

2. 动物鲜奶油（或鸡蛋）提前从冰箱取出回温。

3.将黄油提前从冰箱中取出，切小块，在室温下软化至完全变软。

Tips

1.动物鲜奶油温度要达到25℃，若达不到可隔30℃热水加热。如果鲜奶油温度太低，会使黄油变硬，挤面糊时会很困难。

2.如果怕操作时黄油凝固，可以在面盆下垫一盆温水。

SN7092 8齿花嘴 -2（中）

曲奇饼干粉

粉类过筛

烤箱设置

预热温度	烘焙位置	烘烤温度	烘烤时间
170℃	中层	170℃上下火	23分钟

制作过程

 1 打发黄油

将软化好的黄油用电动打蛋器低速打散。

加入糖粉、细盐、香草精，用电动打蛋器先低速再中速搅匀。

分2次加入动物鲜奶油，每加一次都用中速搅打均匀，再加入下一次。

打至黄油体积膨大1倍、色泽变浅黄时，加入过筛的粉类。

 **2 整形**

用橡皮刮刀将油类和粉类拌匀，至看不到面粉。

裱花袋上装上裱花嘴。

裱花袋套入一个高的杯子里，装入饼干面糊。

用刮板将面糊推向花嘴方向。

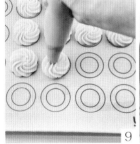 **3 烘烤**

4 冷却

烤盘上垫上硅胶烤垫，左手握裱花袋，右手用力挤，顺时针方向挤出圆形的曲奇。

挤好曲奇互相之间要保持一定的间距，因为烘烤时饼干会膨胀。

烤盘放入预热的烤箱中层，以170℃上下火烤23分钟。

Tips

烤好的饼干移至烤架上放凉，就会变酥脆了。

Tips

如果放凉后仍然不脆的话，要重新放入烤箱，以150℃烘烤5~10分钟。

最后5分钟上色很快，要在烤箱旁边看着，一旦看见上色，就要马上取出来。若你喜欢略糊的（即火大的）饼干，可以稍多烤几分钟。

工具准备

厨房秤、面粉筛、电动打蛋器、打蛋盆、大号裱花袋、Wilton21号花嘴、橡皮刮刀、方形烤盘、烤箱

418-21 Wilton 21 号花嘴

材料准备

黄油65克，糖粉42克，色拉油45克，清水45克，盐3.5克，香葱叶40克，曲奇饼干粉（或低筋面粉）175克

此配方可做香葱曲奇 30 块

准备工作

1. 将黄油提前从冰箱中取出，在室温下软化至用手指可轻松压出手印，切小块。
2. 香葱绿叶切成细细的颗粒，称出40克。

Tips

香葱叶一定要切得很细碎，不然太大颗的香葱粒容易堵塞花嘴，造成面糊不易挤出，且影响口感。

葱香曲奇

用"快扫"识别图片美食视频即刻呈现

 猪猪小语

热爱烘焙的我，却并不喜欢甜食，所以我一直都很偏爱咸味饼干。这款用南方特有的小香葱制作的奶油曲奇，香酥可口，葱香浓郁，好吃不腻，让人一吃就停不下来。

烤箱设置

预热温度	烘焙位置	烘烤温度	烘烤时间
180℃	中层	180℃上下火	25分钟

制作过程

1 打发黄油

1
软化的黄油放盆中，用电动打蛋器低速打散。

2-1
加入糖粉、盐，用电动打蛋器搅打，先低速打散，再转中速搅打，至黄油变白、体积膨大。

2-2

3
加入色拉油，用电动打蛋器中速搅打均匀至呈乳膏状。

2 搅拌面糊

4
加清水，用电动打蛋器中速搅匀至呈乳膏状。

5
加入香葱碎。

6
用电动打蛋器中速搅打均匀。

7
筛入曲奇饼干粉。

3 整形

8
用橡皮刮刀将面粉和黄油充分拌匀，至看不到面粉颗粒。

9
裱花袋中装入花嘴，灌入拌好的饼干面糊。

10
在垫有硅胶垫的烤盘上挤出圆形饼干。

Tips

挤面糊时中心点位置不要挤得太厚，否则中心未熟而四围已经烤焦了。

4 烘烤

11
烤盘放入预热好的烤箱中层，180℃上下火烤25分钟，至饼干表面上色后关闭电源，用余热再焖5分钟即可。

Tips

曲奇要放至温热再取出，放烤网上晾至彻底凉透，口感才酥脆。

柠香曲奇

工具准备

厨房秤、量匙、柠檬刀、面粉筛、16厘米打蛋盆、电动打蛋器、橡皮刮刀、大号裱花袋、Wilton21号花嘴、不粘烤盘、烤箱

材料准备 ◀ 此配方可做柠香曲奇 23 块

柠檬1个，奶粉15克，黄油75克，泡打粉1/4小匙（1克），曲奇饼干粉（或低筋面粉）90克，动物鲜奶油60克，糖粉50克

准备工作

1.黄油提前从冰箱取出，切小块，放室温下软化至用手指可轻松压出手印。

2.动物鲜奶油提前从冰箱取出，静置回温到室温。

3.用柠檬皮刀刮下柠檬表皮的黄色部分（不要刮到白色部分），切末。

SN4065- 柠檬刀

418-21 Wilton 21 号花嘴

烤箱设置

预热温度	烘焙位置	烘烤温度	烘烤时间
160℃	中层	160℃上下火	12~14 分钟

制作过程

1 打发黄油

1 曲奇饼干粉、奶粉和泡打粉放入盆内，用手动打蛋器混合，过筛到一个大盆中备用。

软化好的黄油用电动打蛋器低速搅打均匀。

加入糖粉，用电动打蛋器先低速后中速搅打均匀。

分次加入动物鲜奶油，每次搅打均匀后再加入第二次。

2 搅拌面糊

3 整形

5 加入切碎的柠檬皮，用电动打蛋器搅打均匀。

加入过筛的粉类，用橡皮刮刀将面糊翻拌均匀，成面糊状。

取裱花袋，装入花嘴。

用刮刀将拌好的面糊装入裱花袋中。

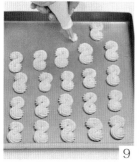

4 烘烤、冷却

9 将面糊在烤盘上挤出S形，互相之间要保持一定的间隙，因为烘烤后饼干会膨胀。

烤盘放入预热好的烤箱中层，以160℃烤制12~14分钟，至曲奇微上色时取出烤盘放凉，10 再将饼干取出即可。

巧克力豆曲奇

工具准备

厨房秤、量匙、手动打蛋器、面粉筛、16厘米打蛋盆、手动打蛋器、电动打蛋器、橡皮刮刀、不粘烤盘、烤箱

材料准备　　此配方可做巧克力豆曲奇 11 块

曲奇饼干粉（或低筋面粉）100克，糖粉45克，无糖可可粉10克，泡打粉1.5克（1/4小匙），烘焙巧克力豆100克，黄油60克，全蛋25克，苏打粉1.5克(1/4小匙)

Tips

1. 烘焙专用巧克力豆经过高温烘烤也不会熔化变形，不可用普通巧克力代替。
2. 要使用烘焙专用无糖可可粉，一般冲泡饮料的可可粉通常都含有糖分，而且可可的味道不那么浓郁。

烤箱设置

	预热温度	烘焙位置	烘烤温度	烘烤时间
	170℃	中层	170℃上下火	20分钟

准备工作

1. 黄油提前从冰箱中取出，在室温下软化至用手指可轻松压出手印，切小块。
2. 将可可粉、曲奇饼干粉、泡打粉、苏打粉放盆内，用手动打蛋器搅匀，用面粉筛筛入大盆内。

粉类材质过筛

制作过程

1 打发黄油

1

2

2 搅拌面糊

3

4

软化好的黄油放入打蛋盆中，加入糖粉，用电动打蛋器先低速再中速搅匀。

分3次加入鸡蛋液，每次都要搅打均匀后再加入下一次。

搅打至黄油膨松、色泽变浅白色时，加入过筛的粉类。

用橡皮刮刀将粉类和黄油拌匀成面团，要拌至完全看不到干粉。

5

6

3 整形

7

8

加入巧克力豆70克（剩下的30克用于后面放在巧克力表面做装饰）。

用手整理成团状。

Tips

搓成长条状，用刮板切割成每份15克的小段。

将切割好的面团用手搓成圆球形。

如室温较高，则需将面包上保鲜膜，放冰箱冷藏30分钟后再操作。

9

10

4 烘烤

11

5 冷却

12

取一小碗，装入剩下的巧克力豆，放入圆球面团，使其表面均匀地粘上巧克力豆。

用手将圆球按扁，排放在烤盘上，互相之间要留出适当的空隙。

Tips

烤盘放入预热好的烤箱中层，以170℃上下火烤20分钟，熄火后用余温再闷5分钟。

烤好的巧克力豆曲奇取出放凉即可。

因为加了泡打粉和苏打粉，饼干面团会膨胀得比较大，所以放入烤盘中时互相之间要保持较大的空隙，以免烘烤后粘在一起。

用"快扫"
识别图片
美食视频即刻呈现

贝壳果酱曲奇

猪猪小语 这款饼干属于奶香浓郁的奶酥饼干，我把它做成了漂亮的贝壳状，更诱人食欲。因为曲奇里放的糖量很少，单吃的话可能会觉得有些咸，所以要搭配果酱食用。我的建议是搭配红色的草莓果酱或覆盆子果酱，色彩会很漂亮。如要你不介意色彩，可以搭配蓝莓果酱、杏子果酱等任意你喜欢的口味。

材料准备

黄油70克，玉米淀粉37克，盐1/4小匙，糖粉45克，曲奇饼干粉（或低筋面粉）105克，泡打粉1克，全蛋液45克，草莓果酱30克

准备工作

1.将黄油提前从冰箱中取出，室温下软化至用手指可轻松压出手印，切小块。

2.鸡蛋从冰箱里取出，在室温下回温，打散成蛋液。

3.将低筋面粉、玉米淀粉和泡打粉混合，用面粉筛过筛。

烤箱设置

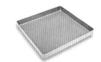

UN10006- 方形烤盘
（金色不粘）

工具准备

厨房秤、面粉筛、电动打蛋器、大号裱花袋和小号裱花袋各1个、8齿花嘴、橡皮刮刀、16厘米打蛋盆、方形不粘烤盘、烤箱

预热温度	烘焙位置	烘烤温度	烘烤时间
160℃	中层	160℃上下火	15分钟

制作过程

1 打发黄油

2 搅拌面糊

软化好的黄油用电动打蛋器低速搅散。

加入糖粉、盐，继续用电动打蛋器搅打，先低速再中速将黄油搅打至膨松。

分3次加入鸡蛋液，用电动打蛋器中速搅打，每次都要打至蛋液吸收后再加入下一次，搅打至黄油膨松、颜色发白。

加入筛过的粉类（准备工作3），用橡皮刮刀翻拌均匀，直至看不到面粉。

3 整形

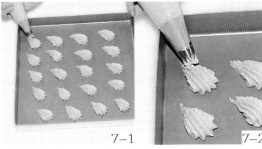

将花嘴装入裱花袋中。

左手虎口握住裱花袋，上半部分反转过来，面糊装入裱花袋中。

在烤盘上挤出头大尾小的贝壳状。

Tips

1.若你用的烤盘不是防粘烤盘，则要垫上油纸。

2.挤贝壳时贝壳头要挤用力些，然后逐渐减轻力度，到尾部的时候用拖的力量把贝壳的尾部拉出来。尾部多余的面糊要用手捏掉，不然烤出来的形状就不好看了。

3.温度很低时做黄油饼干，可能会因为气温太低而使黄油变硬，造成面糊也变硬，不容易从裱花袋中挤出。这时可以把裱花袋放到温暖的地方回温一下，如放入设置为40℃的烤箱，或放入放了一盆温水的蒸锅中均可。

4 烘烤

5 冷却

6 夹馅

烤箱预热至160℃，将烤盘放入中层，160℃上下火烤15分钟左右。

烤好的饼干不要马上取出，放置于通风的地方放凉。

在小号裱花袋中装入草莓果酱，在其中一半饼干上逐个挤上果酱。

果酱上再盖上另一块饼干即可。

工具准备

厨房秤、方形不粘烤盘、16厘米打蛋盆、硅胶刮刀、Wilton32号花嘴（或普通圆口花嘴）、裱花袋、烤箱

418-32 Wilton32 号花嘴

UN30002-16cm 打蛋盆

材料准备

饼干材料

黄油35克，糖粉40克，蛋白30克，低筋面粉75克，盐1克

内馅材料

黄油20克，糖粉25克，麦芽糖25克，杏仁片35克

> 此配方可做罗马盾牌饼干 12 块

准备工作

1. 将黄油提前从冰箱中取出，在室温下软化至用手指可轻松压出手印，切小块。
2. 鸡蛋从冰箱里取出，在室温下回温，用分蛋器分离出30克蛋白。

罗马盾牌饼干

用"快扫"识别图片美食视频即刻呈现

 猪猪小语

罗马盾牌饼干是一款香香脆脆的饼干，外形像一块块盾牌，有着漂亮的花边和酥脆的馅心。我每次做完它都会被大家哄抢而光。

烤箱设置

预热温度	烘焙位置	烘烤温度	烘烤时间
170℃	中层	170℃上下火	12分钟

制作过程

1 打发黄油

2 搅拌面糊

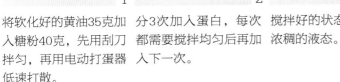

将软化好的黄油35克加入糖粉40克，先用刮刀拌匀，再用电动打蛋器低速打散。

分3次加入蛋白，每次都需要搅拌均匀后再加入下一次。

搅拌好的状态，应是呈浓稠的液态。

筛入低筋面粉，加入盐。

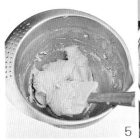

3 制作馅料

用硅胶刮刀拌匀，装入安好花嘴的裱花袋中。

将软化好的黄油20克切小块，和麦芽糖一起放入小碗中，隔热水加热至化成液态。

关火，加入糖粉，用橡皮刮刀拌匀。

拌匀后的状态。

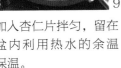

4 整形

5 烘烤冷却

加入杏仁片拌匀，留在盆内利用热水的余温保温。

将饼干面糊在烤盘上挤上长4厘米、宽2厘米的椭圆形的圈。

用汤匙挖些馅料填入饼干圈内，不要填太满。

烤盘放入预热好的烤箱中层，以170℃上下火烤12分钟，取出，放凉后再取下。

Tips

做好的馅料要保温保存，一旦温度降低就会结块。

Tips

装馅的时候不能装太满，因为经过高温烘烤后里面的馅料会膨胀，如果装得太满会漏出来。

Tips

刚烤好的饼干不要马上从烤盘上取下，否则内馅会漏出来，要等到饼干冷却、里面的内馅凝固后再取。

燕麦葡萄干酥饼

燕麦具有很高的营养价值和[明]确的保健作用，每天吃[少]许燕麦对身体有很大的帮助。[这]款燕麦葡萄干酥饼无论营养还是口味，都相当出色。

猪猪小语

工具准备

厨房秤、电动打蛋器、面粉筛、橡皮刮刀、打蛋盆、方形不粘烤盘、保鲜膜、羊毛刷、尺子、烤箱

UN10006- 方形烤盘
（金色不粘）

材料准备

此配方可做燕麦葡萄干酥饼 16 块

饼干材料

黄油75克，糖粉38克，动物鲜奶油15克（或全蛋液15克），低筋面粉75克，全脂奶粉15克，小苏打1/16小匙，大葡萄干50克，即食燕麦片25克，朗姆酒15克

> **Tips**
>
> 小苏打的用量很少，不好称量。可以用1/4的量匙装满一匙，然后倒在平整的油布上，用牙签把小苏打均分成4份，取其中一份即是1/16小匙。

表面装饰材料

即食燕麦片15克，蛋黄10克

UN32007- 羊毛刷

40

准备工作

1.将黄油提前从冰箱中取出，在室温下软化至用手指可轻松压出手印，切小块。
2.将低筋面粉、全脂奶粉和小苏打粉混合，用面粉筛筛在大盆内备用（图a）。
3.葡萄干用朗姆酒提前浸泡1小时，浸软后沥干，用小刀切小粒（图b、c）。

a

Tips

葡萄干如果直接烘烤，会变干、变焦，所以要提前用调味酒浸泡，不但能使葡萄干变软，而且会增加风味。我有两个快速浸泡葡萄干的小窍门告诉大家：
方法1：葡萄干浸泡在朗姆酒中，盖上保鲜膜，放入微波炉里中火打1分钟即可。
方法2：葡萄干浸泡在朗姆酒中，加入10克清水，放入小锅里，用小火煮开即可。

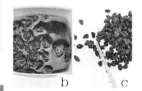
b   c

烤箱设置

预热温度	烘焙位置	烘烤温度	烘烤时间
170℃	中层	170℃上下火	20分钟

制作过程

1 打发黄油

1

软化好的黄油块放打蛋盆中，加糖粉，用电动打蛋器先低速再中速搅打均匀。

2

加入动物鲜奶油，用电动打蛋器低速搅打均匀。打匀后的奶油，应膨松、色泽泛白。

2 搅拌面糊

3

加入筛过的粉类和即食燕麦片，用橡皮刮刀将所有材料拌匀。

4

加入切碎的葡萄干，用橡皮刮刀拌匀，拌成面团状。

3 整形

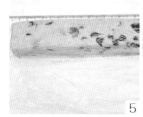

5

用保鲜膜将面团包起来，借助尺子将面团整成切面为边长4厘米的正方形的长条状。

6

将面团移入冰箱冷冻1小时，取出后在表面刷上蛋黄液，再粘上即食燕麦片，切成4毫米厚的片状饼干生坯。

7

将饼干生坯摆放在烤盘上，互相之间要保持一定的间距，因烘烤过程中饼干会膨胀。

4 烘烤、冷却

8

烤盘放入提前预热好的烤箱中层，以170℃上下火烤20分钟。刚烤好的饼干很软很松散，要冷却后再拿。

蔓越莓奶酥

工具准备

厨房秤、小刀、面粉筛、电动打蛋器、16厘米打蛋盆、擀面棍、保鲜膜、花形饼干模、硅胶刮板、方形不粘烤盘、烤箱

材料准备　此配方可做蔓越莓奶酥约 11 块

黄油100克，糖粉60克，动物鲜奶油（或全蛋液）25克，低筋面粉155克，全脂奶粉15克，蔓越莓干50克

准备工作

1.低筋面粉过筛备用。
2.蔓越莓干切成小块。

烤箱设置

	预热温度	烘焙位置	烘烤温度	烘烤时间
	165℃	中层	165℃上下火	20分钟

SN3523/SN3525-6 吋梅花型圈 /8 吋梅花型圈

面粉过筛

制作过程

1 打发黄油

软化好的黄油放入盆内，用电动打蛋器低速搅散。

加入糖粉，用电动打蛋器先低速后中速搅匀。

加入动物鲜奶油，用电动打蛋器中速搅匀，直至体积膨松、颜色略变浅。

2 搅拌面糊

加入切碎的蔓越莓干，用电动打蛋器中速搅匀。

加入筛过的面粉，用硅胶板或橡皮刮刀充分拌匀，团成面团。

3 整形

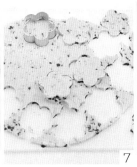

4 烘烤、冷却

取小菜板，铺一张保鲜膜，上面放面团，表面再盖一张保鲜膜，用擀面棍擀成面片。

将面片连同菜板一起放入冰箱冷冻30分钟，取出用花形饼干模刻出饼干生坯。多余的面团可以重新整形，也刻出饼干生坯。

将饼干生坯摆放在烤盘中，互相之间要保持一定的距离，因为烘烤时饼干会膨胀。

烤盘放入预热好的烤箱中层，以165℃上下火烘烤约20分钟，至饼干表面微微上色即可。刚烤好的饼干是软的，要放凉后再从烤盘上取出。

Tips

面团不要擀得太厚，以4毫米为佳，因为烘烤过程中饼干还会膨胀。

胚芽巧克力豆红糖饼干

猪猪小语
小麦胚芽为金黄色颗粒状，也叫麦芽，是小麦生命的根源，是小麦中营养价值最高的部分，含丰富的蛋白质、维生素、矿物质以及18种人体所需的氨基酸，是一种高蛋白、高维生素、低糖、低脂肪、低胆固醇的优质食物。这款饼干酥脆味美，营养丰富，非常适合做给老人或者小朋友吃。

工具准备

厨房秤、16厘米打蛋盆、电动打蛋器、橡皮刮刀、小刀、方形不粘烤盘、烤箱

材料准备　　此配方可做胚芽巧克力豆红糖饼干 **13** 块

低筋面粉55克，小麦胚芽35克，苏打粉1克，黄油52克，红糖38克，全蛋25克，烘焙专用巧克力豆25克

> **Tips**
> 这里使用的巧克力豆是烘焙专用耐高温巧克力豆，不要使用一般的巧克力豆。

小麦胚芽

Tips

红糖容易结块，在使用前一定要用搅拌机打碎，或用汤匙压碎，再用网筛过筛，不然加入黄油中不易打散。

准备工作

1.将黄油提前从冰箱中取出，切小块，放在室温下软化至用手指可轻松压出手印。

2.红糖用搅拌机打碎，或用汤匙压开结块的糖块。

烤箱设置

预热温度	烘焙位置	烘烤温度	烘烤时间
170℃	中层	170℃上下火	12分钟

制作过程

1 打发黄油

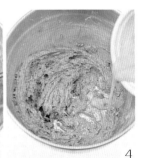

1 软化好的黄油放入打蛋盆中，用电动打蛋器中速搅打至松散。

加入红糖。

3 用电动打蛋器先低速后中速搅打至膨松。

4 分次少量加入打散的全蛋液，每加入一次都用电动打蛋器搅打均匀。

5 搅打好的黄油，应呈膨胀如乳膏的状态。

2 搅拌面糊

6 筛入混合过筛的低筋面粉和小苏打粉。

7 用橡皮刮刀翻拌匀，直至看不到白色的面粉。

8 加入巧克力豆，用橡皮刮刀翻拌均匀。

3 整形

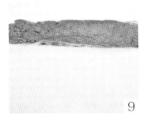

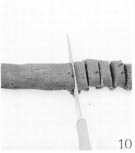

4 烘烤、冷却

9 取合适大小的保鲜膜，包入做好的面团，整理成长条状，包紧后移入冰箱，冷冻20分钟。

10 取出冻硬的面块，用小刀切分成每个15克的小段。

11 先用手搓圆，再在手心上按扁成小圆饼状，平铺在烤盘上，在每个饼的中心按上三颗巧克力豆做装饰。

12 将烤盘放入预热好的烤箱中层，170℃上下火烤12分钟，利用烤箱余热焖5分钟后取出烤盘，放凉即可食用。

浓香花生酥饼

工具准备

厨房秤、量匙、面粉筛、电动打蛋器、橡皮刮刀、方形不粘烤盘、刮板、烤箱

材料准备　此配方可做浓香花生酥饼 22 块

A：四季宝花生酱100克，黄油50克，糖粉60克，全蛋25克

B：低筋面粉80克，小苏打1/4小匙（1克），花生35克

UN10006- 方形烤盘
（金色不粘）

准备工作

1.将黄油提前从冰箱取出，室温下软化，切小块。

2.鸡蛋置于室温下回温，打散。

3.低筋面粉和小苏打粉放入盆内，用手动打蛋器搅匀，用面粉筛筛在大盆内备用。

4.新鲜花生入烤箱，150℃烤10分钟，放凉后搓去皮，切成黄豆大小的块。

Tips

花生刚烘烤好时不易去皮，要等放凉后再搓去皮。我使用的是无颗粒的幼滑花生酱，如果你使用的是颗粒花生酱，则可以减少花生的用量。

小苏打、面粉过筛

烤箱设置

预热温度	烘焙位置	烘烤温度	烘烤时间
160℃	中层	160℃上下火	20分钟

制作过程

1 打发黄油

花生酱和黄油放打蛋盆中，用电动打蛋器先低速再中速搅匀。

加入糖粉，不开启打蛋器，手动搅拌几下让糖粉和油混合。

开启电动打蛋器中速搅至糖油混合，体积膨胀，呈羽毛状态。

分3次加入全蛋液，每加一次都要用电动打蛋器搅匀再加入下一次。

打发完成，黄油体积膨松，呈乳膏状态。

2 搅拌面糊

加入过筛的粉类，用橡皮刮刀进行压、翻将面糊拌匀，拌至成无干面粉的面团。

加入花生碎，用橡皮刮刀拌匀，饼干面团就做好了。

3 整形

做好的面团用刮板配合整形成方形，再切割成20份。

Tips

如果觉得饼干面团粘手，可以用保鲜膜包好，入冰箱冷藏半小时再操作。

称出每份15克的面团，共22份，用手搓圆。

Tips

饼干面团切分时最好用称称量，在烤的时候才不会因大小不匀而导致上色不匀。

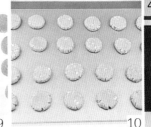

把小球按扁。

Tips

4 烘烤、冷却

烤盘放入预热好的烤箱中层，以160℃上下火烘烤20分钟，取出饼干放烤网上放凉即可。

这款饼干烘烤后膨胀得比较厉害，所以互相之间要保持一定的距离，不然成品会粘在一起。

香葱桃酥

这款饼干看起来不很起眼，却是我最得意的作品之一。为了做得香酥可口，我花了三天时间反复试验，最终的作品就连不爱吃饼干的姐姐都大力称赞"好吃"了，我才罢休。

猪猪小语

工具准备

厨房秤、面粉筛、电动打蛋器、橡皮刮刀、方形不粘烤盘、烤箱

UN10006- 方形烤盘
（金色不粘）

材料准备 ──── 此配方可做香葱桃酥 22 块

A: 低筋面粉100克，小苏打粉1/4小匙，泡打粉1/4小匙

B: 植物油60克，全蛋液12克，糖粉40克，细盐1/2小匙，香葱碎15克（只取葱绿）

Tips

1. 植物油可以选无色无味的葵花子油、玉米油、菜籽油等。如果喜欢花生味的饼干，也可以用花生油。

2. 葱是选用细小的香葱，只取葱绿部分。葱洗好后要晾干水分再切，以免过多的水分影响饼干的品质。切的时候要尽量切细小一些。

48

烤箱设置

预热温度	烘焙位置	烘烤温度	烘烤时间
170℃	中层	170℃上下火	18~20分钟

制作过程

1 处理食材

2 搅拌面糊

低筋面粉平铺在烤盘上，放入烤箱中层，以150℃上下火烘烤10分钟。

烤好的面粉取出放凉，和小苏打、泡打粉混合过筛。

植物油放打蛋盆中，加入糖粉，用电动打蛋器低速搅匀。

加入全蛋液，用电动打蛋器低速搅匀。

Tips

面粉烤熟后失去了筋性，会让饼干成品更酥松。烤面粉时烤箱不需要预热，直接150℃烤10分钟即可，烤好后要等放凉再加入苏打粉和泡打粉。

加入切碎的香葱碎，用橡皮刮刀拌匀。

加入过筛的粉类。

用橡皮刮刀翻拌均匀，成面团状。

3 整形

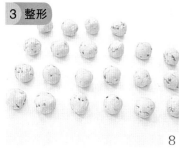

4 烘烤、冷却

将面团分割成每份10克的剂子，共22份，用手搓成圆球状。

把面团摆在烤盘上，互相之间保持一定的距离，用食指在面团中心插一个洞。

烤盘放入预热好的烤箱中层，以170℃上下火烤18~20分钟，至饼干表面微微上色，取出放烤网上放凉即可。

全麦消化饼干

工具准备

厨房秤、16厘米打蛋盆、电动打蛋器、橡皮刮刀、圆形切割器、饼干印章、擀面棍、刮板、烤箱

材料准备 ▶ 此配方可做全麦消化饼干 20 块

低筋面粉112克，全麦面粉112克，盐1/4小匙，黄油55克，色拉油48克，细砂糖75克，全蛋液40克

UN52102- 饼干印章
（圣诞快乐）

Tips

不同品牌全麦粉麸皮含量不同，某些品牌含麸皮较多，做出来的饼干会比较容易松散。如果出现这种情况，可增大低筋面粉的比例，如低筋面粉175克、全麦粉50克。这里我用的是新良全麦粉。

准备工作

1.黄油提前从冰箱取出，置室温下软化至用手指可轻松压出手印，切小块。

2.鸡蛋从冰箱里取出，在室温下回温，打散成蛋液，称出所需重量。

3.低筋面粉过筛，加全麦面粉混合。

全麦面包粉

烤箱设置

预热温度	烘焙位置	烘烤温度	烘烤时间
170℃	中层	170℃上下火	12分钟

制作过程

1 打发黄油

1

软化好的黄油用电动打蛋器低速搅散。

2

加入糖粉，用电动打蛋器先低速再中速搅打均匀。

3

分2次加入全蛋液，每次都要搅打均匀后再加入下一次。

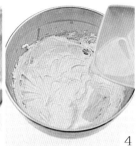

4

加入色拉油，用电动打蛋器低速搅打均匀。

5

混合后黄油的状态应是比较稀的，如乳膏一般。

2 搅拌面糊

6

加入低筋面粉和全麦粉，用刮刀翻拌至看不到干粉，和成均匀的面团。

7

把面团移到案板上，用手按压使材料更均匀，包上保鲜膜，移入冰箱冷藏30分钟。

3 整形

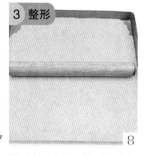

8

取出面团，放在烤盘上，用擀面杖擀成烤盘大小的片状。

9

用圆形切割器在面片上刻出圆形。如面团太软，可连同烤盘一起放入冰箱，冷冻20分钟再刻。

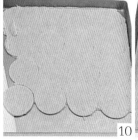

10

用塑料刮板将圆形饼干刮起来，去掉多余的边角料。

11

将圆形饼干片摆放在烤盘上，互相之间预留少许空隙，用饼干印模按压印上花纹。

4 烘烤

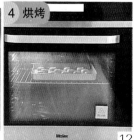

12

烤盘放入预热好的烤箱中层，以170℃上下火烤12分钟，熄火后不取出，用余温再闷5分钟即可。

法式猫舌饼干

工具准备
厨房秤、16厘米打蛋盆、中号裱花袋、电动打蛋器、橡皮刮刀、Wilton8号花嘴、耐高温油布、烤箱

402-8 Wilton8 号花嘴

Tips

这款饼干全部采用蛋白来制作，所以比较黏，一定要使用防粘性好的油布，比用锡纸或油纸的效果都要好。

UN29001- 不粘布

材料准备 此配方可做法式猫舌饼干 18 块

蛋白40克，香草精1/8小匙，糖粉45克，低筋面粉38克，黄油50克

准备工作

将黄油提前从冰箱中取出，切小块，放在室温下软化至用手指可轻松压出手印。

烤箱设置

预热温度	烘焙位置	烘烤温度	烘烤时间
120℃	中层	120℃上下火	7~8 分钟

制作过程

1 打发黄油

2 搅拌面糊

1. 软化好的黄油放打蛋盆中，用电动打蛋器低速搅打均匀，加入糖粉。

2. 用电动打蛋器先低速再中速搅打均匀，然后加入香草精和蛋白。

3. 用电动打蛋器中速搅打均匀，接着加入低筋面粉。

4. 用橡皮刮刀拌至看不到干面粉、所有材料成面糊状。

Tips

不要将黄油打得太松散，以免烘焙后不容易定型。

3 整形

4 烘烤

5. 取中号裱花袋，装入8号圆口花嘴，将面糊灌入裱花袋中。

6. 烤盘中铺上油布，将饼干挤成6厘米长的条状，彼此间要保持2厘米左右的间距。

Tips

猫舌饼干因形状像猫舌而得名。挤好的条状面糊，在烘烤中会摊开成薄片状，所以挤面糊的时候要保持比较大的间距，以免烤好后粘连到一起。

7. 烤箱提前预热至200℃，将烤盘放入烤箱中层，以200℃上下火烤7~8分钟即可。最后2分钟时要在烤箱旁观察，一旦发现上色完成就要随时关闭，取出烤盘，以防烤过火。

黑白芝麻薄脆

猪猪小语

这款饼干香脆可口又健康，而且制作过程非常简单。我的学员在吃过我做的芝麻薄脆后一致给出了"越吃越想吃""吃了停不住嘴"的评价，并且用实际行动证明了这一点：烤一盘就消灭一盘。

这款饼干制作过程中无需打发，一次可以多做些面糊，用不完的暂存在冰箱里，想吃时马上就可以烘烤。

工具准备

厨房秤、方形不粘烤盘、16厘米止滑打蛋盆、油布、手动打蛋器、烤箱

Tips

这款饼干容易粘底，所以一定要用防粘效果好的油布，不能用锡纸或油纸。

UN30005-16cm
止滑打蛋盆

材料准备　　此配方可做黑白芝麻薄脆4盘，约 45 片

蛋白120克，低筋面粉100克，玉米淀粉8克，黄油30克，糖粉110克，白芝麻40克，黑芝麻20克，盐1克

烤箱设置

Tips

饼干变凉后会变得硬而脆，在空气中放置久了又会吸潮变软，所以饼干变硬后要马上用食品袋或密封罐密封起来保存。

预热温度	烘焙位置	烘烤温度	烘烤时间
160℃	中层	160℃上下火	12~15分钟

制作过程

1 熔化黄油	2 搅拌面糊		

将黄油切小块，放入不锈钢碗内，隔热水熔化成液态。

蛋白放入打蛋盆中，加入糖粉、盐，用手动打蛋器搅打均匀。

轻轻搅拌至糖粉溶化即可，无需打发。

加入黄油液，用手动打蛋器搅拌均匀。

加入过筛的低筋面粉及玉米淀粉。

用手动打蛋器搅匀。

加入黑芝麻及白芝麻。

用手动打蛋器轻轻搅拌成浓稠的面糊。

3 整形		4 烘烤

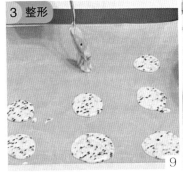  

在烤盘中平铺上油纸，用汤匙挖少许调好的面糊，平铺在烤盘上，相互间要留较大的位置以便摊平面糊。

用汤匙将面糊摊开成薄薄的圆形，尽量保持薄厚及大小一致。

烤盘放入提前预热好的烤箱上层，以160℃上下火烤12~15分钟，见表面上色即可取出。

Tips

Tips

放面糊时要分次少量，一次不要放太多，不然摊得太厚，容易出现中间不熟而四周烤糊的情况。

薄脆饼干易烤糊，要随时关注上色情况，以免烤过度。刚刚烤好的成品会有点软，取出来后马上用手掌把饼压平整，不然冷却后会收缩而翘起来。

杏仁瓦片酥

猪猪小语　杏仁瓦片酥是著名的法式点心，样子像瓦片，也像弯弓。这个配方中用到了大量的杏仁片，所以吃起来特别香脆。要注意的是这里用的杏仁并非我国本地的南北杏仁，而是去皮的美国大杏仁，一定不要搞混了。

工具准备

厨房秤、手动打蛋器、打蛋盆、橡皮刮刀、耐高温油布、烤箱

> **Tips**
>
> 这种蛋白酥饼容易粘在烤盘上，而且因为摊得比较薄，不易取出，所以建议使用防粘性最好的耐高温油布。

> **Tips**
>
> 饼干变凉后会变得硬而脆，在空气中放置久了又会吸潮变软，所以饼干变硬后要马上用食品袋或密封罐密封起来保存。

材料准备

杏仁片55克，糖粉50克，黄油25克，香草精1/4小匙，低筋面粉15克，蛋白40克

烤箱设置

预热温度	烘焙位置	烘烤温度	烘烤时间
180℃	中层	180℃上下火	5~6分钟

制作过程

1 熔化黄油

2 搅拌面糊

1

将黄油切成小块，放入不锈钢碗内，隔热水加温，熔化成液态备用。

2

蛋白放盆内，加糖粉，用手动打蛋器搅匀至糖粉溶化，不需打发。

3

加入液态黄油、香草精。

4

用手动打蛋器搅匀。

5-1   5-2

6-1   6-2

加入低筋面粉，用手动打蛋器搅拌均匀。

加入杏仁片，用橡皮刮刀拌匀。

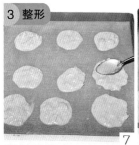

3 整形

4 烘烤

5 冷却

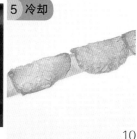

7   8

9

10

烤盘上铺上耐高温油布，用汤匙挖上少许面糊放在烤盘上，用汤匙将面糊平铺开。

不用摊得太薄，烘烤时面糊还会自动摊开。

Tips

饼干面糊有很好的流动性，烘烤时会继续摊开，所以摊面糊时互相之间要保持较大间距。如果烤好后粘在一起也没关系，趁还软的时候剪开即可。

烤盘放入预热好的烤箱中层，以180℃上下火烤5~6分钟，见表面成微黄色即可。

Tips

饼干很薄，容易烤熟，所以烤的时候最好能在旁边看着，以免烤糊。

取出烤好的饼干，趁微热时放在擀面杖上，折成弯形，自然放凉，饼干就成瓦片形了。

Tips

刚烤好的饼干是软的，要戴上手套趁热卷在棍上以定型。

可可奶油夹心饼干

材料准备 ◁ 此配方可做可可奶油夹心饼干 8 组

饼干材料： 黄油60克，糖粉50克，盐1克，鸡蛋25克，低筋面粉120克，可可粉15克

夹心材料： 黄油50克，糖粉50克

准备工作

1. 将黄油提前从冰箱中取出，在室温下软化至用手指可轻松压出手印，切小块。
2. 将鸡蛋从冰箱里取出，置于室温下回温，打散成蛋液，称出所需重量。

烤箱设置

预热温度	烘焙位置	烘烤温度	烘烤时间
170℃	中层	170℃上下火	10~12分钟

工具准备

厨房秤、面粉筛、16厘米打蛋盆、电动打蛋器、平底玻璃杯、饼干印模、圆形切割器、裱花袋、方形不粘烤盘、烤箱

UN52101-饼干印章
（新年快乐）

制作过程

1 处理食材

2 打发黄油

1

将可可粉、低筋面粉放盆中，用手动打蛋器搅匀，用面粉筛筛在一个大盆内备用。

2

软化好的黄油放入打蛋盆中，用电动打蛋器低速搅打均匀。

3

加入糖粉、盐，用电动打蛋器先低速再中速搅打均匀。

4

分3次加入鸡蛋液，用电动打蛋器搅打均匀，每次都要等蛋液完全混匀后再加入下一次。

3 搅拌面糊

5

4 整形

6

7

加入过筛好的粉类，先用橡皮刮刀翻拌，再用手抓捏混合均匀，团成面团。

将面团分割成每个15克的剂子，搓成小圆球，排放在烤盘上，互相之间要保持一定的距离。

用平底玻璃杯把圆球按扁，用饼干模具在面上印上花纹，用原形切割器把饼干切割整齐，去掉切下的碎边。

Tips

如果在气温高时制作，面团会很粘，可以放到冰箱里冷藏定型，再继续操作。

Tips

也可以不将面团分割成剂子，直接将面团擀成一大张面皮，在上面盖上印章，用圆形切割器切出圆形饼干，用刮板将饼干刮起来，再放于烤盘上烘烤。取下的碎边可以继续擀开、盖印、切割整形并烘烤，不要浪费。

5 烘烤

8

6 夹馅

9

10

烤箱提前预热至170℃，烤盘放入烤箱中层，以170℃上下火烤10~12分钟，取出放在烤网上放凉。

软化好的黄油放入打蛋盆中，加入糖粉，用电动打蛋器低速搅打均匀。

将做好的内馅装入裱花袋中，挤在放凉的单片饼干上，再盖上另一块饼干即可。

咸香芝士棒

材料准备 ——— 此配方可做咸香芝士棒约 34 片

黄油52克，中筋面粉100克，卡夫芝士粉18克，泡打粉1/2小匙，糖粉25克，全蛋液25克，盐1/8小匙

Tips

中筋面粉就是普通面粉。卡夫芝士粉是平时我们常添加在意大利面、批萨表面的那种粉末状芝士，本身有一定的盐分，用来做饼干超好吃的。

准备工作

1.将黄油提前从冰箱中取出，在室温下软化至用手指可轻松压出手印，切小块。

2.鸡蛋从冰箱里取出，在室温下回温，打散成蛋液，称出所需的重量。

烤箱设置

	预热温度	烘焙位置	烘烤温度	烘烤时间
	170℃	中层	170℃上下火	15分钟

工具准备

厨房秤、16厘米打蛋盆、电动打蛋器、保鲜膜、擀面棍、齿形轮刀、方形不粘烤盘、烤箱

Tips

如果你家里没有带齿的轮刀，用普通的刀切也是可以的，只是没有那么美观。

制作过程

1 粉类过筛

1

把中筋面粉和泡打粉混合过筛，加入卡夫芝士粉混合均匀。

2 打发黄油

2

软化好的黄油用电动打蛋器低速搅打至松散。

3

加入糖粉和盐，用电动打蛋器低速搅打均匀。

4

分次加入打散的鸡蛋液，每次都不要加太多。

5

每次都要充分搅打均匀后再加入下一次。

3 搅拌面糊

6

加入低筋面粉和卡夫芝士粉。

7

用橡皮刮刀翻拌，直至看不到干粉，然后团成面团。

8

案板上铺1张保鲜膜，放上面团，再盖上1张保鲜膜，用擀面棍将面团擀成4毫米厚的长方形面片，移入冰箱冷冻15分钟左右。

Tips

要尽量擀得薄厚一致，这样烤好的芝士棒色泽和成熟度才会一致。

4 整形

9

取出冻好的面片，用带齿的轮刀切割成1厘米宽、7厘米长的条状。

10

将饼干条均匀地铺放在烤盘上，互相之间要保持一定的距离。

5 烘烤

11

将烤盘放入预热好的烤箱中层，以170℃上下火烤15分钟。

6 冷却

12

取出待凉透后再取下饼干，口感才酥脆。

太妃杏仁酥饼

工具准备

厨房秤、20厘米方形不粘烤盘、面粉筛、圆形刮板、擀面棍、餐叉、油纸、硅胶铲、温度计、不粘锅、烤箱

材料准备

饼皮材料： 低筋面粉125克，泡打粉1/4小匙（1克），糖粉50克，黄油62克，鸡蛋25克，盐1克

内馅材料： 动物鲜奶油50克，黄油50克，蜂蜜25克，细砂糖50克，杏仁片75克

UN00301－探针电子
温度计

准备工作

1. 鸡蛋、黄油从冰箱里取出，在室温下回温。黄油稍微软化后切成黄豆大小的颗粒，再放回冰箱里冷冻。
2. 将低筋面粉、泡打粉混合过筛备用。

   Tips

   为了防止黄油在用手搓揉的过程中被手温软化，造成面粉结块，故要使用直接从冷冻室取出的黄油。因为冷冻黄油很硬，所以要先取出稍微软化、切粒，然后再放回冰箱冷冻。如果室温太高，可以连面粉一起先放冰箱冷藏一下，以降低温度。

低筋面粉、泡打粉
混合过筛

烤箱设置

	预热温度	烘焙位置	烘烤温度	烘烤时间
	180℃	中层	180℃上下火	25分钟

制作过程

1 和面团

鸡蛋磕入碗中，加盐，用筷子搅匀。

黄油颗粒放入面粉中。

用双手将面粉和黄油搓揉成颗粒状，直至看不到明显的黄油。

加入搅好的蛋液。

用刮板采用压拌的方式将面粉和蛋液混合。

用手揉匀成面团。

将面团移到案板上，用手掌推压揉匀。

将面团包上保鲜膜，移入冰箱冷藏30分钟。

2 制饼皮

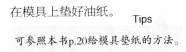

在模具上垫好油纸。

Tips

可参照本书p.20给模具垫纸的方法。

案板上撒少许面粉抹开，放上面团，擀成20厘米见方的正方形面皮。

放入模具中，用餐叉在上面刺上小孔，防止饼皮在烘烤时鼓起。

3 烘烤

烤箱提前预热至180℃，烤盘放入烤箱中层，以180℃上下火烤25分钟。

烤好的饼皮表面要微微上色，这样才能保证做出来的成品是酥脆的。

4 制作馅料

将鲜奶油、黄油、蜂蜜、细砂糖全部倒入小锅里。

开小火加热，边加热边用硅胶铲搅拌均匀。

当液体开始沸腾时用温度计测温，煮到110℃马上熄火。

倒入杏仁片，用硅胶铲翻拌均匀，馅料就做好了。

Tips

要不时用硅胶铲搅拌锅底，因为淡奶油很容易糊底。

Tips

一旦温度达到110℃要马上熄火，煮的时间过长糖浆会煳掉。

烤箱设置

预热温度	烘焙位置	烘烤温度	烘烤时间
180℃	中层	180℃上下火	25 分钟

5 整形

将做好的馅料趁热倒在烤好的饼皮上。

用刮板将馅料刮平整。

6 烘烤

烤箱提前预热至180℃，烤盘放入烤箱中层，以180℃上下火烤25分钟，至馅料表面变成漂亮的焦糖色即可。

Tips

拌好的馅料要趁热马上倒在饼皮上，一旦变冷就会凝固，变得不好操作。

圣诞糖霜饼干

工具准备

厨房秤、方形不粘烤盘、16厘米打蛋盆、冷却架、裱花袋、Wilton1号圆口花嘴、Wilton3号圆口花嘴

418-1 Wilton1 号圆口花嘴

418-3 Wilton3 号圆口花嘴

UN30002-16cm 打蛋盆

 猪猪小语

想象中的糖霜饼干是又甜又腻的东西，所以我一直不曾去尝试，终于还是按捺不住尝试了一下，没想到味道还很不错呢。糖霜饼干晾干后要密封保存，才能保持松脆的口感。

材料准备

饼干材料：黄油120克，糖粉100克，盐1/4小匙，动物鲜奶油（或全蛋液）50克，低筋面粉250克

糖霜材料：柠檬汁5滴，温水4大匙，特细含淀粉糖粉300克（另加适量温水调整），烘焙专用蛋白粉2大匙

Tips

1. 蛋白粉（又称蛋清粉）是由纯鲜鸡蛋清精制而成的，具有脱糖、脱腥、纯度高、溶解迅速等特点，是一种用以代替新鲜蛋白的专用蛋白粉。注意不要买到用大豆制成的营养品。一般烘焙用品店都可以买到蛋清粉，如果手边没有，也可以用新鲜蛋清制作，不过不如用蛋白粉干净卫生。
   注：没有蛋白粉的替代配方：蛋白40克加特细含淀粉糖粉300克（另加温水适量调匀）。
2. 做饼干用的糖粉是我自己用粗砂糖打磨的，但做糖霜则要用市售的含淀粉的糖粉，这样做好的糖霜甜度不会太高。推荐使用：太古糖霜。
3. 糖霜的状态，分为流动状态、半流动状态和固体状态。流动状态适合做饼干铺面打底，半流动状态适合做拉线勾边，固体状态适合做裱花和拉线。

烤箱设置

预热温度	烘焙位置	烘烤温度	烘烤时间
160℃	中层	160℃上下火	10~12 分钟

制作过程

1 打发黄油

黄油用电动打蛋器低速打散。打好的状态如图。

加入糖粉，用电动打蛋器先手动大致搅匀，再转低速搅打。

搅打均匀至奶油呈羽毛状，加入动物鲜奶油。

用电动打蛋器中速搅打匀。搅好的状态如图。

2 搅拌面糊

3 整形

筛入低筋面粉，用橡皮刮刀将油及粉类拌匀。

用手轻轻抓捏成团状，底部铺一张保鲜膜，上面再盖一张保鲜膜。

用擀面棍将面团擀成2.5毫米厚的片状，移入冰箱冷冻30分钟。

趁面团冷冻的时候，在白纸上画出各种造型，按形状剪下来。

4 烘烤

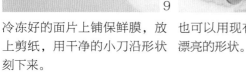

冷冻好的面片上铺保鲜膜，放上剪纸，用干净的小刀沿形状刻下来。

也可以用现有的模具压出各种漂亮的形状。

将切下来的饼干坯子平铺在烤盘上。用牙签在大的饼干坯扎几个孔，放入预热好的烤箱中层，以160℃上下火烤10~12分钟，取出放烤网上放凉。

5 制作糖霜

12

13

14

将蛋白粉放入小盆内，加入温
水，用电动打蛋器低速打散，
再加入少许柠檬汁打匀。

加入糖粉。

用电动打蛋器低速搅打，视情况添
少许温水。

Tips

在做糖霜时不要一次加够水，而是要根据自己所需要的去调整，太干就加点水，太湿就加点糖粉。打好的糖霜要
随时覆盖保鲜膜，以防干燥。

15

16

17

打至用刮刀提起可拉出小尖
角，糖霜就好了。

取少许糖霜放小碗中，用牙签
挑入少许色素，用铲刀搅匀。

调出各种颜色，常用的有红、
绿、黄、白四色。用白色糖霜
加少许红色糖霜和黄色素可调
出肤色。

6 装饰

18

19

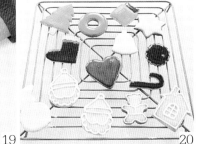

20

取一块放凉的饼干，用铲刀抹
上糖霜。

需要勾画轮廓的饼干，可用裱
花袋装些白色糖霜，用3号花
嘴，在饼干上画出轮廓。

画好的饼干放在蛋糕冷却架上
晾干（需30~60分钟，糖霜越
厚则越不易干）。

Tips

每画一层后都要在冷却架上彻底晾干，再涂下一层的颜色，不然很容易混色。

7 圣诞老人

 1

 2

 3

 4

如图填充胡子及帽子的边，静置晾干。

用红色填充帽子中间部分。

取肤色糖霜填充在脸的部位，再用牙签挑少许红色素点在脸上腮红的位置，静置晾干。

用黑色素调出少许黑色糖霜，画上眼睛，圣诞老人就完成了。

8 圣诞树

 1

 2

 3

先用绿色色素平铺在饼干上，晾干。

裱花袋装上1号花嘴，装入白色糖霜，在饼干上挤波浪状细线。

在树上点缀上各色彩珠糖。

9 圣诞袜

 1

 2

在饼干上涂上红色糖霜打底，晾干。

顶部涂白色糖霜。裱花袋装上1号花嘴，装入白色糖霜，画出轮廓，在红底上画花，晾干。

10 星星

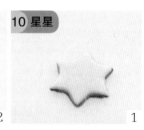 1

 2

在饼干上涂上白色糖霜打底，晾干。

裱花袋装上1号花嘴，装入绿色糖霜，在白色底上画上雪花，晾干。

11 圣诞铃

 1

 2

在饼干上涂上白色糖霜打底，晾干。

取2个裱花袋，装1号花嘴，分别装入绿色糖霜和红色糖霜，在白底上画上波浪和圆点即可。

12 圣诞屋

 1

 2

裱花袋装上3号花嘴，装入白色糖霜，在饼干上画出轮廓，晾干。

用红色糖霜填充内部。裱花袋装上1号花嘴，装入绿色糖霜，点上五点花，晾干即可。

芒果千层蛋糕

千层蛋糕层次分明，口感丰富，是深受大众喜爱的一款甜点。这款芒果千层蛋糕无需烤箱就能制作，做法简单，成功率高，特别适合烘焙新手尝试。

猪猪小语

用"快扫"识别图片
美食视频即刻呈现

工具准备

厨房秤、不粘平底锅、中号打蛋盆、手动打蛋器、面粉筛、过滤网筛、纸巾、筷子、白手套、水果刀、案板、电动打蛋器、保鲜膜、大汤匙、大盆（要可放得下平底锅）

材料准备 ◀ 此配方可做8吋芒果千层蛋糕 1 个

饼皮材料：蛋黄 45 克（3 颗），全蛋 150 克（3 颗），蛋糕粉（或低筋面粉）114 克，细砂糖 50 克，牛奶 240 克，黄油 45 克

内馅材料：动物鲜奶油 600 克，糖粉 60 克，芒果 3 颗

原味蛋糕粉

准备工作

1. 将蛋糕粉先过筛在一张大纸上，要筛两遍。
2. 将黄油提前从冰箱中取出，在室温下软化，切成小块，最后放在小碗中隔热水熔化成液态（右图）。

制作过程

1 拌蛋糕糊

1

2

3

4

全蛋和蛋黄倒入打蛋盆内，加入细砂糖，用手动打蛋器轻轻搅匀至砂糖溶化，不需打发。

加入过筛的蛋糕粉，用手动打蛋器搅匀。

一边加入牛奶，一边用手动打蛋器搅拌均匀。

加入熔化的45克黄油液，用手动打蛋器搅拌均匀。

5

6

2 烫饼皮

7

8

拌匀的面糊用网筛过滤。

滤好的面糊盖保鲜膜，放冰箱冷藏30分钟。

将不粘锅置于火上，用筷子夹一小块厨房纸巾，蘸上剩余的5克黄油液，在锅底均匀地涂抹一遍。

用大汤匙舀1匙面糊倒入锅内，转动锅子摊成圆形。

Tips

将面糊过滤可以避免其结块，使面糊材料混合得更均匀。

Tips

静置可以使搅拌造成的气泡消失，也使所有材料混合得更均匀。

Tips

每次舀的面糊量要相等，且要能刚好铺满锅底，饼皮才薄厚一致。

9

10

11

12

开小火，边转动锅子边烙饼，至饼皮表面有气泡鼓起，就表示熟了。

提起饼皮翻面，小火再烙30秒，双手提起饼皮放在盘上备用。

每烫好一张饼皮，要立即把锅底泡在凉水里让锅降温。

在烫饼前用干毛巾把锅底擦干，再用筷子夹厨房纸巾抹黄油，重复如上9~11步骤，把十几张饼皮都烙好，用保鲜膜盖住以保湿。

Tips

烙饼皮时一定要注意火候，及时翻面，不要煎糊，让饼皮保持鲜艳的金黄色。饼摊得越薄，成品越筋道好吃。

Tips

这一步不可省，如果锅是热的，面糊倒入锅里会马上定型，不能摊开。

3 制作馅料

13

芒果洗净去皮，切成小块。

14

动物鲜奶油放打蛋盆中，加糖粉，用电动打蛋器打至十分发，提起打蛋头时奶油是一团，不会流下（参照本书 p.26）。

Tips

1. 要选择表皮金黄、熟透的芒果，这样的芒果才够香甜，且果味香浓。
2. 打发鲜奶油时要用糖粉而不用细砂糖，因为打发动物鲜奶油的时间很短，如果是用细砂糖，可能会出现糖还未溶化，而奶油已经打发过度了，吃到的奶油里就会有砂糖颗粒，影响口感。

4 整形

15

在蛋糕转台上放一个平盘，盘子上放入一张饼皮摊开，涂一层打发的鲜奶油。

16

撒一层芒果碎。

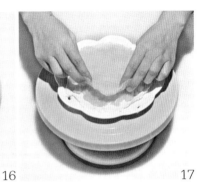

17

再铺一层饼皮。

18

再涂一层鲜奶油，撒上一层芒果碎。

19

如此反复，将蛋糕重叠 10~12 张，每放 1 张都用盘子压平整。

20

顶层再盖一层饼皮，用保鲜膜包紧，移入冰箱冷冻 1 小时后取出切件。食用前要先解冻 30 分钟。

Tips

最后做好的芒果千层蛋糕要放进冰箱冷冻，是因为鲜奶油和饼皮都很软，无法切出规整的形状。切好后要等回温后再吃，味道才更好。

蛋糕甜甜圈

工具准备

厨房秤、面粉筛、小号打蛋盆、手动打蛋器、裱花袋、6连布丁模、烤箱

材料准备 ——— 此配方可做蛋糕甜甜圈 6 个

蛋糕粉（或低筋面粉）57克，鸡蛋75克，杏仁粉18克，鲜奶60克，细砂糖67克，黄油60克，泡打粉2克

UN11006-6 连布丁模
（双面矽利康）

Tips

1. 杏仁粉可以给蛋糕增加果仁的香气，如果手边没有，可以用等量的低筋面粉来代替。
2. 可以用动物鲜奶油来代替鲜奶，做好的蛋糕奶香味更浓，也更湿润。
3. 如果家里有巧克力酱，可以熔化后裹在蛋糕表面上作为装饰，更漂亮且美味。

准备工作

将蛋糕粉、杏仁粉和泡打粉一起放入盆内，用手动打蛋器混合均匀，用面粉筛过筛备用（右图）。

烤箱设置

	预热温度	烘烤位置	烘烤温度	烘烤时间
	170℃	中层	170℃上下火	20分钟

制作过程

1 拌蛋糕糊

1 黄油切成小块，放入小打蛋盆中，隔温水化成液态。

2 化好的黄油液体。

3 鸡蛋放入干净的打蛋盆中，加细砂糖，用手动打蛋器打至砂糖溶化。

4 加入鲜奶，用手动打蛋器打匀。

5 打匀后的状态。

6 加入化开的黄油，用手动打蛋器打匀。

7 打匀后的状态。

8 加入筛过的粉类。

9 用手动打蛋器搅匀成面糊状，不要过度搅拌。

2 入模

10 将面糊装入裱花袋中，挤入模具中至八分满。

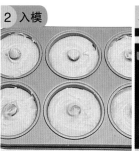

3 烘烤

11 模具放入预热好的烤箱中层烤网上，以170℃上下火烘烤20分钟。

12 取出模具，放凉后脱模。

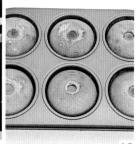

工具准备

量匙、厨房秤、棒棒糖模具、棒棒糖棍、小玻璃盆、小号裱花袋、手动打蛋器、面粉筛、小号打蛋盆、柠檬皮刀、巧克力熔炉、烤箱

巧克力熔炉

Tips

1. 使用巧克力熔炉的好处是温度容易控制，不需要看管。如果没有这个设备，可以隔热水直接熔化巧克力。相比较来说，隔水熔化巧克力较麻烦，要不时调整热水的温度，以免水过烫造成制作失败，因此只适合制作少量的成品。

2. 三种巧克力熔化温度各不相同：黑巧克力为50~55℃，牛奶巧克力为45~50℃，白巧克力为40~45℃。千万不要超过这个温度，否则容易造成巧克力油水分离。

3. 装饰棒棒糖蛋糕的方法很多，可以尽情发挥自己的想象力。我个人比较喜欢用巧克力画图案。

用"快扫"识别图片
美食视频即刻呈现

棒棒糖蛋糕

猪猪小语　棒棒糖蛋糕的外形像棒棒糖一样，圆滚滚的蛋糕可以装饰成各种可爱的造型，充满了童真童趣，十分可爱，深得孩子们的喜爱。

材料准备 ◀ 此配方可做棒棒糖蛋糕 18 个

蛋糕材料

蛋糕粉(或低筋面粉)100克，鸡蛋110克，泡打粉1小匙，盐1克，蜂蜜16克，橙皮1个，黄油100克，细砂糖70克

装饰材料

黑巧克力和白巧克力各200克，彩珠糖适量

准备工作

香橙洗净表面，用柠檬皮刀刮取黄色的表皮，切碎。

烤箱设置

	预热温度	烘烤位置	烘烤温度	烘烤时间
	170℃	中下层	170℃上下火	23~25分钟

制作过程

1 拌蛋糕糊

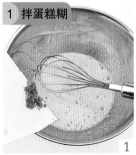

鸡蛋放盆中，依次加入细砂糖、蜂蜜、橙皮碎，用手动打蛋器搅匀。

将蛋糕粉和泡打粉筛入盆中，用手动打蛋器搅匀。

黄油放入小盆中，隔水加热至熔化成液态。

将黄油倒入面糊中。

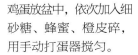

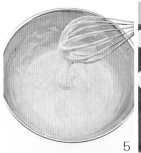

2 入模

3 烘烤

用手动打蛋器搅匀即成蛋糕糊。盖上保鲜膜静置 20 分钟，装入裱花袋中，在尖端剪开小口。

将蛋糕糊挤入棒棒糖模具中，分量以刚好满半个球形为宜。盖上模具盖并扣紧。

模具放入提前预热好的烤箱中下层，以 170℃上下火烤 25 分钟。

烤好的蛋糕应该是饱满的球形。

Tips

棒棒糖蛋糕烤出来应滚圆饱满，如不够圆，说明火力不够大，可将温度调高 5℃；如烤出来蛋糕很圆，但边缘从模具中爆出，说明火力太大，可将温度调低 5℃。

4 装饰

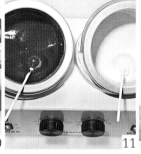

把白巧克力和黑巧克力放入巧克力熔炉中，白巧克力设置温度 45℃，黑巧克力设置温度 50℃，将巧克力熔化成液态。

把棒棒糖棍子蘸少许白巧克力液，插入蛋糕球中，等待巧克力凝固，蛋糕球就会牢固地粘在棍子上，棒棒糖蛋糕坯就做好了。

把蛋糕坯分别放入黑白巧克力锅内，蘸上巧克力液并滚动一圈，让其均匀地裹上巧克力，插在蛋糕模具上，等待巧克力干透。

白巧克力装入裱花袋中，在裱花袋尖端剪个小口，然后在棒棒糖蛋糕上随意装饰小花，也可在表面粘上彩珠糖。

工具准备

量匙、厨房秤、面粉筛、打蛋盆、电动打蛋器、橡皮刮刀、擀面棍、裱花袋、SN7072 裱花嘴、6 连蛋糕模、烤箱纸杯（6 个）、烤箱

SN7072-5 齿花
嘴 -2(中)

UN11006-6 连麦芬盘
（双面矽利康）

准备工作

1. 将黄油和鸡蛋、牛奶提前半小时从冰箱取出回温，黄油切小块，鸡蛋打散成蛋液。
2. 提前冻好小冰块。
3. 动物鲜奶油提前放入冰箱冷藏4小时以上。
4. 将蛋糕粉、泡打粉混合，筛在大盆内备用（下图）。

低筋面粉、泡打粉
混合过筛

奥利奥玛芬蛋糕
（黄油打发）

材料准备　　此配方可做奥利奥玛芬蛋糕 6 个

A：蛋糕粉（或低筋面粉）100 克，泡打粉 1/2 小匙，牛奶 50 克
B：黄油65克，细砂糖60克，鸡蛋1颗（约50克），奥利奥饼干40克
C：动物鲜奶油100克，糖粉10克
D：奥利奥饼干3片

烤箱设置

	预热温度	烘烤位置	烘烤温度	烘烤时间
	170℃	中层	170℃上下火	22~25 分钟

制作过程

1 打发黄油

2 拌蛋糕糊

参照本书 p.25 打发黄油的过程，先后加入 B 料中的细砂糖和蛋液（分 4 次），将黄油打发至膨松如羽毛状态。

加入一半过筛的粉类和牛奶，用橡皮刮刀拌匀，然后再加入剩下的过筛的粉类和牛奶。

用橡皮刮刀由盆底向上翻拌，直至看不到明显的干面粉，但面糊状态仍很粗糙即可。

用小刮刀刮掉 40 克奥利奥饼干里的奶油夹心，掰成块，装入结实的食品袋中，擀成粗末。

Tips

饼干不需要碾太碎，这样加入蛋糕后吃起来才有脆脆的咀嚼感，搭配蛋糕绵密的口感，层次丰富。

3 入模

4 烘烤

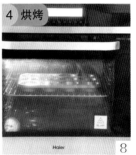

将饼干粗末加入到步骤 6 拌好的面糊中，大致拌匀，蛋糕糊就做好了。

将裱花袋装在高脚杯内，倒入蛋糕糊。

蛋糕模中放入纸杯，裱花袋尖端剪小口，将蛋糕糊挤入纸杯中，至七分满。

模具放入提前预热好的烤箱中层，以 170℃上下火烤 22~25 分钟，取出蛋糕放凉。

5 打发奶油

6 装饰蛋糕

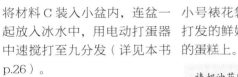

将材料 C 装入小盆内，连盆一起放入冰水中，用电动打蛋器中速搅打至九分发（详见本书 p.26）。

小号裱花袋装上裱花嘴，装入打发的鲜奶油，绕圈挤在冷却的蛋糕上。

Tips

将材料 D 的奥利奥饼干对半切开，放在蛋糕上装饰，最后撒少许饼干碎做装饰即可。

裱奶油花时是由底向上，一共挤三圈，一圈比一圈的直径要小。

工具准备

量匙、厨房秤、面粉筛、小奶锅、裱花袋、橡皮刮刀、打蛋盆、电动打蛋器、烤箱纸杯、温度计、UN11005-12连麦芬盘、SN7072裱花嘴、烤箱

UN11005-12 连麦芬盘
（双面矽利康）

UN00302- 红外线温度计

材料准备

蛋糕材料

A：60℃热水70克，70%黑巧克力40克

B：蛋糕粉（或低筋面粉）90克，泡打粉2克，苏打粉1.5克

C：黄油75克，红糖60克，细砂糖40克，盐1克，鸡蛋1颗（约50克），香草精1/2小匙，动物鲜奶油75克巧克力奶油霜材料70%黑巧克力60克，自制意式奶油霜200克（做法见本书p.289）

此配方可做魔鬼蛋糕 9 个

魔鬼蛋糕（黄油打发）

魔鬼蛋糕含有丰富的巧克力和奶油，口感湿润，具有浓郁的巧克力香味，即使不加表面的奶油霜装饰也很美味。

猪猪小语

准备工作

1. 将黄油提前从冰箱中取出，切小块，在室温下软化至用手指可轻松压出印。

2. 鸡蛋提前从冰箱里取出，在室温下回温，磕入碗中搅匀。

3. 将B料中所有材料混合，过筛备用（图a）。

4. 用汤匙将红糖中的结块压碎，过筛。

a

粉类过筛

Tips

红糖容易结块，所以在制作前要先用汤匙把大颗粒先压扁，再过一下筛，否则搅拌的时候很难全部溶解。

烤箱设置

预热温度	烘烤位置	烘烤温度	烘烤时间
180℃	中层	180℃上下火	25分钟

制作过程

1 制巧克力酱

将 60℃的热水 70 克冲入黑巧克力中。

Tips

温度要控制好，若水过热，会造成巧克力油水分离；过凉则无法将巧克力熔化。

用橡皮刮刀顺时针搅拌至巧克力熔化成酱状。

2 打发黄油

参照本书 p.25 打发黄油的方法，依次加入细砂糖、红糖、蛋液、盐（以上均为 C 料），搅至膨松如羽毛状。

3 拌蛋糕糊

加入过筛的 B 料以及 C 料中的动物鲜奶油，用橡皮刮刀翻拌均匀，至看不到干面粉。

4 入模

加入熔化的巧克力酱，用电动打蛋器低速搅匀，蛋糕糊就做好了。

裱花袋放入高的杯子中，装入蛋糕糊，挤入垫在模具中的蛋糕纸杯，至八分满。

5 烘烤

蛋糕模具放入预热好的烤箱中层，以 180℃上下火烤 25 分钟。

6 冷却

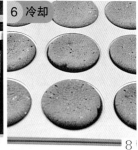

冷却后再将烤好的蛋糕取出来，取的时候动作要轻。

Tips

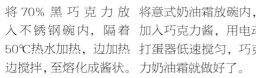
这款蛋糕水分很足，烤好的成品非常湿润，一碰就碎，要等完全凉透后再取出来，且动作要很轻。蛋糕顶部出现回缩是正常现象。

7 制巧克力奶油霜

将 70% 黑巧克力放入不锈钢碗内，隔着 50℃热水加热，边加热边搅拌，至熔化成酱状。

将意式奶油霜放碗内，加入巧克力酱，用电动打蛋器低速搅匀，巧克力奶油霜就做好了。

8 装饰

11-1　　11-2

11-3　　11-4

裱花袋中装入裱花嘴，灌入巧克力奶油霜，在蛋糕上沿着蛋糕边沿挤一个大圈。注意不要挤断，再挤一个略小的圈。到顶部再挤一个更小的圈，最后收尾即可。

香草奶油蛋糕 (黄油打发)

猪猪小语 这款蛋糕不需要打发鸡蛋，也没有使用泡打粉，所以口感比较结实、细腻。其特点是制作简单，奶香味浓郁，好吃又不腻，相信你会喜欢的。

工具准备

厨房秤、小号打蛋盆、电动打蛋器、橡皮刮刀、裱花袋、6 连空心模具、烤箱

材料准备　　此配方可做香草奶油蛋糕　6 个

鸡蛋 2 个（蛋液 85 克），黄油 50 克，蛋糕粉（或低筋面粉）65 克，动物鲜奶油 48 克，细砂糖 50 克，香草精 2 克，盐 0.5 克

UN11101-6 连空心圆模
（双面矽利康）

准备工作

1. 黄油提前从冰箱取出，切小块，放在室温下软化至用手指可轻松压出手印。
2. 蛋糕粉过两次筛备用。
3. 动物鲜奶油和鸡蛋提前从冰箱取出，在室温下静置回温。

> Tips
>
> 动物鲜奶油和蛋液都必须是常温的，因为如果黄油和低温液体混合，会导致黄油结块，从而造成油水分离，无法拌匀。

蛋糕专用粉

烤箱设置

预热温度	烘烤位置	烘烤温度	烘烤时间
170℃	中下层	170℃上下火	20分钟

制作过程

1 打发黄油

软化好的黄油用电动打蛋器低速搅散。

加入细砂糖、盐，用电动打蛋器先低速再中速搅打匀。

分3次加入鸡蛋液，每次都要用电动打蛋器搅打匀后再加入下一次。

如图是搅打好的状态。

2 拌蛋糕糊

加入一半蛋糕粉，用橡皮刮刀由下向上翻拌匀。

加入动物鲜奶油，用橡皮刮刀拌匀。

加入剩下的面粉，再次用橡皮刮刀由下向上拌匀。

加入2.5毫升香草精。

 **3 入模** 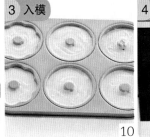 **4 烘烤**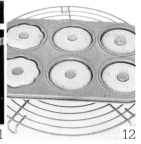

再用橡皮刮刀拌匀。

将面糊装入裱花袋中，挤到6连花形模具里，挤八分满即可。

将模具放入预热好的烤箱中下层，以170℃上下火烤20分钟即可。

将牙签测一下确定蛋糕已熟即可（方法见本书p.21）。

Tips

1. 面糊倒入模具中时不可倒得太满，因为烤制过程中蛋糕会膨胀，隆起过高则形状不美观。

2. 如果你用的不是不粘模具，则倒入面糊前要在模具中涂抹黄油，并撒些面粉防粘。

香橙磅蛋糕（黄油打发）

猪猪小语 传统磅蛋糕俗称四分之一蛋糕，即黄油、鸡蛋、面粉、砂糖的用量相等。特点是组织紧密，奶香浓郁。这款蛋糕不用泡打粉，通过打发蛋白使成品组织更膨松、更湿润，吃起来也更健康。烤好的磅蛋糕用保鲜膜包严实，存放到第二天（称为"回油"）再吃，味道才最棒。

用"快扫"识别图片
美食视频即刻呈现

材料准备

A：橙子 1 个，黄油 158 克，细砂糖 85 克，蛋糕粉（或低筋面粉）158 克，蛋黄 55 克，盐 1 克，鲜榨橙汁 56 克

B：蛋白105克，细砂糖38克

准备工作

1. 将黄油提前从冰箱中取出，切小块，在室温下软化至用手指可轻松压出手印。
2. 蛋糕粉用面粉筛过筛。
3. 鸡蛋从冰箱里取出，在室温下回温，分开蛋白和蛋黄，蛋白放入干净的、无水无油的打蛋盆中，蛋黄放入干净的、无水无油的小碗中。
4. 用刮皮刀刮取橙子黄色表皮，切碎。不要刮到白色部分，会有苦味（右图）。

烤箱设置

	预热温度	烘烤位置	烘烤温度	烘烤时间
	170℃	中下层	170℃上下火	50分钟

工具准备

厨房秤、不粘磅蛋糕模具（UN16102–17cm 长方形蛋糕模，宽8厘米、长 16.5 厘米、高 5.5 厘米）、柠檬刀、硅胶刮板、打蛋盆、面粉筛、分蛋器、小刀、电动打蛋器、烤箱

刮取橙子皮

制作过程

1 打发黄油

2 拌蛋糕糊

参照本书 p.25 打发黄油的过程，加入 A 料中的细砂糖、盐，搅打至黄油膨大一倍、色泽变白；再分次加入蛋黄，打至将黄油打发至膨松如羽毛状态呈乳膏状。

分 3 次加入鲜榨橙汁，每加入一次，都要用电动打蛋器充分搅拌均匀，再加入下一次。

Tips

黄油一定要打发到位；要分次少量加入橙汁，以免一次倒入过多液体后不易打匀，造成油水分离的现象。

加入切碎的橙皮，用电动打蛋器低速搅匀。

加入筛过的蛋糕粉，用橡皮刮刀翻拌均匀，直至看不到面粉颗粒。

Tips

加入面粉后不要过度搅拌，以免消泡，拌至看不到有干面粉即可。

3 打发蛋白

4 拌蛋糕糊

5 入模

电动打蛋头洗净擦干。蛋白中分 3 次加入 38 克细砂糖，中速打至硬性发泡（参见本书 p.22）。

取 1/3 的蛋白霜加入蛋黄糊中，用橡皮刮刀拌匀，再加入 1/3 的蛋白霜，充分拌匀。

拌好的面糊倒回剩下的蛋白霜里，用橡皮刮刀拌匀，即为蛋糕糊。

将蛋糕糊倒入模具中至九分满。如果用的不是不粘模具，则要在模具内垫上油纸防粘。

6 烘烤

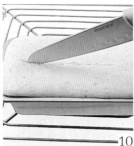

模具放入预热好的烤箱中下层烤盘上，170℃上下火烤 50 分钟。

烤到 20 分钟时蛋糕表面结皮了，将蛋糕取出，用利刀在中间划一道。

Tips

蛋糕在烘烤时，蛋糕表皮会先被烤硬结皮，而内部的蛋糕面糊在烘烤中途才会膨胀起来，如果不割一道口子的话，蛋糕面糊膨胀得不规则，烤出的蛋糕就不好看了。

将蛋糕放回烤箱，继续烘烤 30 分钟即可。

用牙签在蛋糕中心部位插一下，如果拔出的牙签上没有粘着面糊，说明蛋糕烤熟了。

香蕉磅蛋糕（黄油打发）

猪猪小语 这款蛋糕的制作方法用到了乳化法，即先将软化黄油打发至膨松，然后加入鸡蛋等液体，通过搅拌使油和液体彻底融合，并充满空气，在烘烤过程中使蛋糕膨胀。

工具准备

厨房秤、面粉筛、手动打蛋器、电动打蛋器、中号打蛋盆、橡皮刮刀、脱模刀、不粘磅蛋糕模具（宽8厘米、长16.5厘米、高5.5厘米）、烤箱

UN16102-17cm 长方形蛋糕模（双面矽利康）

材料准备　　此配方可做香蕉磅蛋糕　1 个

黄油 100 克，细砂糖 100 克，鸡蛋 100 克（2 颗），熟透的香蕉 70 克（去皮重量），蛋糕粉（或低筋面粉）125 克，泡打粉 1 小匙

准备工作

1. 将黄油提前从冰箱中取出，切小块，在室温下软化至用手指可轻松压出手印。
2. 鸡蛋提前从冰箱里取出，在室温下回温，磕入碗中，打散成蛋液（右图）。
3. 将蛋糕粉、泡打粉混合过筛备用。

烤箱设置

	预热温度	烘烤位置	烘烤温度	烘烤时间
	170℃	中下层	170℃上下火	50 分钟

制作过程（乳化法）

1 打发黄油

1

2

3

2 拌蛋糕糊

4

软化好的黄油放盆中，用电动打蛋器搅打至松散，加入细砂糖，先低速再中速搅打至黄油膨松、色泽变浅。

分次少量加入鸡蛋液，每加入一次都要用电动打蛋器搅匀，再加下一次。

搅拌好的黄油液体呈羽毛状，体积膨大一倍。

将香蕉切成小块，用刮板或汤匙压成泥。

Tips

压香蕉泥时尽量压细一些，蛋糕的组织会更细腻。

3 入模

5

6

7

把香蕉泥加入到打发好的黄油中，用电动打蛋器低速搅匀。

加入筛过的混合粉，用橡皮刮刀由底向上、顺时针方向翻拌均匀。

拌至看不到干面粉、面糊光滑，将面糊倒入模具中，八分满。双手捧模具，在案板上震几下去除面糊中的大气泡。

Tips

黄油糊中加入面粉后，要用橡皮刮刀把面糊彻底拌匀，一直到看不到干粉、面糊呈光滑细腻的状态，这样做出来的蛋糕膨胀度高，组织细腻。

4 烘烤

8

9

5 脱模

10

11

模具放入烤盘，烤盘放入预热好的烤箱中下层，以170℃上下火烤50分钟。

烤烘至20分钟时取出蛋糕，用利刀在蛋糕表面划一道口子，再放入烤箱中继续烘烤30分钟。

用牙签往蛋糕中插一下，拨出来时看不到有面糊粘在牙签上，表示蛋糕烤好了。

将蛋糕自然晾凉，用脱模刀沿模具内壁划一圈，倒扣模具，震几下就可以脱模了。

红宝石蛋糕
（蛋白打发）

 猪猪小语

松软的奶油蛋糕体，镶嵌着红艳晶莹的草莓果酱，就像一颗颗闪亮的红宝石。这是我给它填上馅料的第一个感觉，也因此有了"红宝石蛋糕"这个名字。

工具准备

厨房秤、UN11006-6连麦芬盘（双面矽利康）、打蛋盆、电动打蛋器、橡皮刮刀、大号裱花袋、小号裱花袋、小锅、烤箱

材料准备　　　此配方可做红宝石蛋糕 6 个

A：黄油60克，细砂糖35克，盐1克，蛋黄30克，动物鲜奶油（或鲜奶）30克
B：蛋白60克，细砂糖30克，蛋糕粉（或低筋面粉）60克
C：牛奶巧克力20克，草莓果酱35克

烤箱设置

预热温度	烘烤位置	烘烤温度	烘烤时间
170℃	中层	170℃上下火	25分钟

准备工作

1. 将黄油提前从冰箱中取出，切小块，放在室温下软化至用手指可轻松压出手印。

2. 动物鲜奶油和鸡蛋提前从冰箱取出，在室温下静置回温。鸡蛋分开蛋白和蛋黄，分别放入干净容器中。

3. 蛋糕粉（或低筋面粉）过筛。

制作过程

1 打发黄油	2 打发蛋白	3 拌蛋糕糊	

1

2

3

4

软化黄油用电动打蛋器低速搅散，加入细砂糖（35 克）搅拌匀，加入蛋黄搅匀，再加入动物鲜奶油（或鲜奶）搅匀，最后是成乳膏状态。

参照本书 p.22 蛋白打发方法，蛋白中分 2 次加入细砂糖，打至九分发。

用橡皮刮刀取 1/3 上一步打好的蛋白霜，拌入步骤 1 中。

用切拌和翻拌的手势，拌至看不到明显的蛋白霜。

Tips

这款蛋糕不添加泡打粉等膨大剂，而是靠打发蛋白来膨胀，所以在打发蛋白时要打到位，在拌蛋白霜时，动作要轻，不要让蛋白消泡了。

		4 入模	5 烘烤

5

6

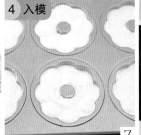

7

8

加入 1/3 筛过的面粉翻拌均匀，至看不到明显的面粉粒。

接下来分 2 次加入剩下的 2/3 蛋白霜和 2/3 面粉，用橡皮刮刀充分拌匀成面糊状。

把拌好的面糊装入裱花袋中，在不粘模内挤入面糊至九分满，双手捧起模具，向下摔几下以去除气泡。

模具放入预热好的烤箱中层，以 170℃ 上下火烤 25 分钟。

6 烘烤	7 装饰		

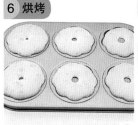

9

10

11

12

取出模具放凉，至蛋糕边沿有些自动脱模时用脱模刀轻轻将蛋糕边撬一下，蛋糕就脱模了。

牛奶巧克力（C 料）隔50℃温水加热，搅拌至化成液态。

用小号裱花袋装入巧克力酱，在蛋糕空心的位置挤一点，移入冰箱冷藏 10 分钟。

用小号裱花袋装入草莓果酱，挤在蛋糕空心的位置，填满即可。

Tips

蛋糕底部填些牛奶巧克力，是为了填满空隙，巧克力凝固后会把蛋糕底部粘住，再填入果酱就不会渗漏了。

工具准备

厨房秤、20厘米方形蛋糕模（双面矽利康）、打蛋盆、电动打蛋器、橡皮刮刀、面粉筛、油纸、烤箱

材料准备

A：黄油75克，蛋黄75克，细砂糖60克，蛋糕粉（或低筋面粉）95克，蔓越莓干60克

B：蛋白110克，细砂糖60克

C：纯白巧克力90克，动物鲜奶油30克

准备工作

1. 黄油提前从冰箱中取出，在室温下软化至用手指可轻松压出手印，切成小块。

2. 鸡蛋提前从冰箱取出，分开蛋白和蛋黄，分别放在无水无油的打蛋盆中。

3. 蔓越莓干切成小颗粒（图a）。

4. 将油纸折成适合模具的方形，铺垫在模具里备用（图b）。

a

b

蔓越莓白巧克蛋糕

（蛋白打发）

 猪猪小语

白巧克力是由可可脂、奶粉、砂糖、大豆卵磷脂组成的，味道香甜，具有浓郁的奶香味。这款蛋糕综合了蔓越莓的酸和白巧的甜，呈现一种清新的口感，是我的学员们最喜爱的甜点之一。

烤箱设置

预热温度	烘烤位置	烘烤温度	烘烤时间
160℃	中层	160℃上下火	35~38分钟

制作过程

1 制巧克力奶油酱

1

将C料放入不锈钢碗中，隔45℃热水加热至熔化，边加热边用橡皮刮刀搅拌至成酱状，即为白巧克力奶油酱。将小碗放热水中保温。

2 打发黄油

2

3

黄油用电动打蛋器低速搅散，加入细砂糖60克，先低速再中速搅匀；加入白巧克力奶油酱，用电动打蛋器低速搅匀；分数次加入蛋黄，每加一次都用电动打蛋器低速搅匀。

3 打发蛋白

4

洗净打蛋头并擦干净。蛋白盆中分3次加入细砂糖60克，用电动打蛋器打至硬性发泡。

> 黄油中加入面粉后会比较难拌，所以第一次加入蛋白霜时可以用橡皮刮刀划圈搅拌，这样才能充分拌匀，后面再加蛋白霜就要用翻拌的手法，否则易造成消泡。
>
> Tips

4 拌蛋糕糊

5

取1/3的蛋白霜，加入到拌好的蛋黄糊（步骤3）中。

6

用橡皮刮刀仔细翻拌均匀。面糊比较干，可以大力搅拌，直至面糊和蛋白霜充分混合。

7

再加入1/3的蛋白霜，用橡皮刮刀轻轻拌匀。

8

将拌好的面糊倒回剩下的1/3蛋白霜中。

拌好的面糊状态

9

用橡皮刮刀由底向上翻拌均匀。

10

加入切碎的蔓越莓干，轻轻拌匀即可，不要拌太长时间以免消泡。

5 入模

11

面糊倒入模具中，用橡皮刮刀抹平表面，双手捧起模具，在案板上反复摔3次震去大气泡。

6 烘烤

12

烤盘放入预热好的烤箱中层，以160℃上下火烘烤35~38分钟，至表面轻微上色即可。

蛋黄海绵蛋糕

（蛋黄打发）

猪猪小语 制作马卡龙需要准备很多蛋白，剩下的蛋黄怎么办？可以用来做这款蛋黄海绵蛋糕正好。用全蛋黄做出的蛋糕非常绵软细密，蛋香浓郁，色泽金黄诱人。更重要的是这款蛋糕制作简单，不易消泡，非常适合新手。

工具准备

厨房秤、电陶炉、平底锅、电动打蛋器、手动打蛋器、橡皮刮刀、15 厘米圆形活底蛋糕模、面粉筛

材料准备  此配方可做15厘米蛋黄海绵蛋糕 1 个

蛋黄 138 克，蛋糕粉（或低筋面粉）60 克，玉米淀粉 12 克，黄油 50 克，牛奶 33 克，细砂糖 90 克

准备工作

将蛋糕粉和玉米淀粉用面粉筛过筛一次。

烤箱设置

UN16008-15cm 圆形活动蛋糕模（双面矽利康）

Tips

若你使用的是 20 厘米的圆模，可以将所有材料的量乘以 2；烘烤温度不变，时间延长至 55 分钟。

	预热温度	烘烤位置	烘烤温度	烘烤时间
	160℃	中下层	160℃上下火	40~45 分钟

制作过程

1 熔化黄油

将切成小块的黄油和牛奶放入小碗内，再将小碗放入热水锅中，隔热水加热成液态。

2 打发蛋黄

蛋黄放入盆中，加入细砂糖，再将盆放入45℃左右的热水中，隔着热水用手动打蛋器搅拌。

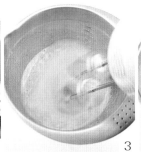

搅至蛋液温度达到约38℃，将盆端离热水，改用手动打蛋器中速搅打。

搅打中蛋液由深黄色慢慢变浅，体积膨大1倍，提起打蛋器，蛋液如缎带一般缓缓落下，并在几秒后才消失。

3 拌蛋糕糊

往蛋液中加入筛过的粉类，用橡皮刮刀由底向上翻拌均匀。

翻拌要从下往上，将刮刀从盆底向上捞起，这是因为面粉容易沉底。

如此反复拌约30下，一直到看不到面粉颗粒、面糊光滑细腻。

取约1/10面糊加入黄油牛奶液体中，用电动打蛋器中速搅拌，直到所有的材料混合均匀。

拌好的黄油糊倒回面糊中，用橡皮刮刀翻拌至面糊光滑细腻、提起时呈缎带般滴落。

Tips

打发的鸡蛋怕油脂，拌面糊动作要快，以免蛋液消泡。

4 入模

将蛋糕糊慢慢地倒入模具中，倒至约八分满，把模具放入烤盘中。

5 烘烤、脱模

模具放入预热好的烤箱中下层，以160℃上下火烤40~45分钟即可。烤好的蛋糕不需要倒扣放凉，取出后放至自然冷却，就可以脱模了。

Tips

1. 这款蛋糕全部采用蛋黄制作，表皮极易上色，烘烤温度高了容易烤焦，故我采用较低的温度烘烤，在烘烤20分钟后观察一下，如果表皮上色过深，可以取锡纸遮盖。蛋黄做的蛋糕膨胀度不会很高，基本上面糊入模的高度是多少，烤好后仍然是同样高度。

2. 用手轻压蛋糕表皮，如果不会留下指印，就表示已完全熟了。

猪猪小语

这款蛋糕如海绵般富有弹性，咬起来比较有韧性，而且蛋香味浓郁。它是由整颗鸡蛋加砂糖打发制成的，轻盈柔软，组织细腻，能承重而不易变形，多用来做慕斯、奶油蛋糕或装饰蛋糕的蛋糕底。这款蛋糕我用了大量的鸡蛋和少量的面粉制作，使蛋糕更膨松，蛋味更浓郁。

工具准备

厨房秤、15厘米圆形活底蛋糕模、中号打蛋盆、手动打蛋器、电动打蛋器、橡皮刮刀、烤箱

UN16008-15cm 圆形活动蛋糕模(双面矽利康)

全蛋海绵蛋糕（全蛋打发）

材料准备 — 此配方可做15厘米全蛋海绵蛋糕 1 个

全蛋150克（3颗），白砂糖80克，蛋糕粉（或低筋面粉）80克，牛奶25克，黄油20克，盐1/4小匙

烤箱设置

预热温度	烘烤位置	烘烤温度	烘烤时间
160℃	中下层	160℃上下火	40分钟

制作过程

1 打发全蛋

1

将鸡蛋打入无水无油、干净的打蛋盆内，加入细砂糖、盐。

2

隔45℃温水加热，边加热边用手动打蛋器搅拌，至蛋液温度达到38℃左右，端离温水。

3

将牛奶和黄油放入不锈钢小碗内，隔热水加热成液态备用。

4

5

6

用电动打蛋器中速搅打步骤2的全蛋液。

全蛋液会由黄色转为浅黄色，体积膨大一倍，这时气泡较大（打发过程中蛋液的变化，可以参见本书p.24全蛋打发）。

继续搅打至浅黄色、气泡细腻，提起打蛋头可在表面划出8字，并在5秒后才消失，转低速继续搅打1分钟。 **Tips**

低速搅打的目的是消除大气泡，并使蛋液状态更稳定。打发好的全蛋液体积会膨胀至原来的3倍，色泽呈浅白色，气泡丰富、细腻。这样的蛋液才不易消泡，可以很好地与面粉混合。

2 拌蛋糕糊

7

8

9

10

一次性筛入全部的蛋糕粉，用橡皮刮刀由底部向上翻拌。

翻拌的方向：从2点钟位置铲入盆底，再从8点钟位置翻上来。 **Tips**

如此反复拌至看不到干的面粉，面糊变得光滑细腻。

取少量步骤9中的面糊，倒入步骤3的液体中，用橡皮刮刀拌匀。 **Tips**

加入面粉后要仔细地翻拌均匀，使得面粉和蛋液充分混合，拌好的面糊光滑细腻，才能做出膨松度好的蛋糕。

因为黄油和牛奶的比重较面糊重，如果直接倒下去会马上沉底，所以要先取一小部分面糊和液体拌匀，再将混合物倒回黄油牛奶中，这样容易拌匀。

11

12

3 入模

13

4 烘烤

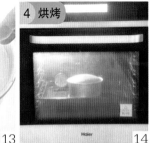

14

将步骤10的混合物倒回步骤9的面糊中。

用橡皮刮刀继续翻拌，动作要快，拌至看不到油类液体时即可，蛋糕糊就做好了。

将蛋糕糊倒入蛋糕模具中，用竹签在蛋糕糊中划几圈，以消除大的气泡。

模具放入预热好烤箱中下层，以160℃上下火烤40分钟，取出倒扣在冷却架上，参照本书p.21将蛋糕脱模。

奶香鸡蛋糕（全蛋打发）

这款鸡蛋糕和一般的海绵蛋糕不同，要……放到第二天才是最美味的，经过一夜的存放，它的内部组织会变得更湿润，内在的奶香味、猪猪小语 鸡蛋味也才真正散发出来。

用"快扫"
识别图片
美食视频即刻呈现

工具准备

量匙、厨房秤、UN11005-12 连麦芬盘、蛋糕纸杯（尺寸为 52 毫米 X30 毫米，12 个）、面粉筛、手动打蛋器、电动打蛋器、橡皮刮刀、裱花袋、烤箱

材料准备　　此配方可做奶香鸡蛋糕　12 个

A：蛋糕粉（或低筋面粉）130 克，泡打粉 1/2 小匙，杏仁粉 15 克，玉米淀粉 5 克，奶粉 7 克

B：动物鲜奶油 50 克，黄油 90 克，全蛋 150 克，细砂糖 130 克，盐 1/4 小匙

C：蜂蜜 15 克，60℃温开水 15 克

烤箱设置

	预热温度	烘烤位置	烘烤温度	烘烤时间
	170℃	中层	170℃上下火	20~25 分钟

准备工作

1. 将黄油提前从冰箱取出，室温下软化至用手指可轻松压出手印，切小块。

2. 鸡蛋提前从冰箱取出，置室温下回温。

3. 将蛋糕纸杯放入蛋糕模中。

4. C 料调匀成蜂蜜水。

5. A 料混合，用面粉筛过筛备用。

制作过程

1 熔化黄油

软化的黄油放入小锅内，加入动物鲜奶油，用小火煮至熔化成液态，熄火凉至温热备用。

2 打发全蛋

鸡蛋磕入打蛋盆中，加入盐、细砂糖，隔45℃温水加热，边加热边用手动打蛋器搅拌。

当蛋液温度达到38℃左右时端离温水，用电动打蛋器中速搅打。

在搅打过程中蛋液的色泽由黄色变为浅白色，体积也膨大1倍。

继续中速搅打，至提起打蛋头，流下的蛋液可在表面划出8字形，并在几秒后才消失，转低速再搅打1分钟，消除蛋液中的大气泡，使蛋液变得更细腻。

3 拌蛋糕糊

加入过筛的 A 料。

Tips

用橡皮刮刀由底部向上翻拌。

如此反复翻拌约50下，直至看不到干的面粉、面糊变得较光滑。

这款蛋糕只加了少量泡打粉，主要还是靠全蛋打发来使面团膨胀，所以鸡蛋一定要打至膨胀至2倍大、蛋液能拉出8字的缎带时才可以。

倒入调好的蜂蜜水，迅速翻拌均匀。

倒入鲜奶油和黄油混合液，边倒边迅速由底向上翻拌匀，成蛋糕糊。

Tips

4 入模

将蛋糕糊倒入裱花袋中，挤入蛋糕模具中的蛋糕纸杯中，九分满。

5 烘烤

模具放入预热好的烤箱中层，以170℃上下火烤20~25分钟，至表面有些微金黄色即可。

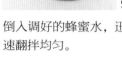

因为材料中加入了大量的黄油和鲜奶油，所以最后拌的时候速度要快，停留过久会造成消泡。

轻松小熊蛋糕（全蛋打发）

猪猪小语

有没有发现小熊有的色泽较深，有的较浅？这是因为我烤了两炉，一炉烤了16分钟，另一炉烤了18分钟。

工具准备

厨房秤、不粘小熊模具（12个）、UN11005-12连麦芬盘、打蛋盆、手动打蛋器、电动打蛋器、烤箱

材料准备 ◢ 此配方可做轻松小熊蛋糕 12 个

蛋糕材料：鸡蛋100克，细砂糖60克，蛋糕粉（或低筋面粉）60克，奶粉5克，黄油24克，鲜奶16克
装饰材料：白巧克力10克，黑巧克力10克，黄色色素少许，白巧克力币12颗

烤箱设置

UN20008
小熊模（不粘）

	预热温度	烘烤位置	烘烤温度	烘烤时间
	170℃	中层	170℃上下火	16~18分钟

准备工作

把小熊模具摆放在12连蛋糕模上。

96

制作过程

1 熔化黄油

1

将黄油和鲜奶隔水化开成液态备用。

2 打发全蛋

2

鸡蛋放盆内，加入细砂糖，隔45℃温水，边加热边搅拌。当蛋液温度达到38℃左右时开始用电动打蛋器中速搅打。

3

一直搅拌至蛋液色泽变白，体积膨胀至3倍，提起打蛋头，蛋液可画出8字形，并在几秒钟后才消失。

3 拌蛋糕糊

4

筛入蛋糕粉和奶粉，用橡皮刮刀由盆底部向上翻起。由2点钟位置兜入，由8点钟位置翻出来。

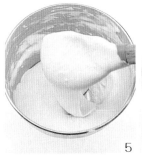

5

由此反复，直至拌到看不到干面粉。

6

取1大勺拌好的面糊，倒入化好的黄油牛奶液中，翻拌均匀。

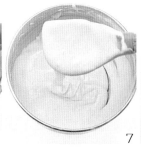

7

再倒回步骤5的面糊中，快速翻拌均匀，至看不到油液即可。

8

把面糊倒入裱花袋中，这时面糊应是连续的锻带状。

4 入模

9

把面糊挤入小熊模具内，至九分满即可。

5 烘烤

10

蛋糕模放入预热好的烤箱中层，以170℃上下火烤16~18分钟，至蛋糕表面略变黄色即可。

6 制巧克力酱

11

把黑巧克力和白巧克力分别隔45℃温水加热，边加热边搅拌，直至熔化成巧克力酱。

7 装饰

12

白巧克力酱用裱花袋挤一点在中间部位，粘上白巧克力币作为鼻子。黑巧克力酱用裱花袋挤出眼睛和嘴巴。耳朵部位把表层刮掉，透出里面的黄色部分即可。

Tips

1. 小熊模具直接放在烤盘中会放不稳，所以我把它放在12连模内作为支撑。
2. 不粘模具脱模很方便，如果是普通铝模，在制作前要在模具里涂抹一层黄油防粘。

工具准备

量匙、厨房秤、手动打蛋器、电动打蛋器、面粉筛、橡皮刮刀、柠檬皮刀、分蛋器、打蛋盆、UN11005-12 连麦芬盘、纸杯 12 个、裱花袋、SN7092 花嘴（大菊花嘴）、烤箱

SN7092-8 齿花嘴 -2（中）

材料准备

蛋糕材料
蛋糕粉（或低筋面粉）100 克，柠檬 1.5 个，细砂糖 95 克，细盐 1/16 小匙，全蛋 3 颗（100 克），蛋黄 2 颗（30 克），黄油 50 克，柠檬汁 7 克

装饰材料
动物鲜奶油 150 克，糖粉 15 克

a

b

柠檬小蛋糕

（全蛋打发）

此配方可做柠檬小蛋糕　12 个

Tips

这款蛋糕的甜度是我经反复试验确定的，不要随意减少糖的用量，以免造成失败。盐只要放少许即可。

准备工作

1. 将黄油提前从冰箱中取出，放入干净的盆中，在室温下软化至用手指可轻松压出手印。
2. 动物鲜奶油提前放入冰箱冷藏 8 小时以上。
3. 柠檬用细盐搓洗净，用柠檬皮刀刮取黄色表皮，用利刀切成碎屑（图 a）。
4. 将纸杯放入模具内。黄油切小块，放小碗内（图 b）。

烤箱设置

	预热温度	烘烤位置	烘烤温度	烘烤时间
	160℃	中层	160℃上下火	20 分钟

制作过程

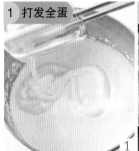

1 打发全蛋

3颗全蛋、2颗蛋黄放入打蛋盆内，加入全部细砂糖，放入45℃的热水锅中，参照本书p.24打发全蛋的方法将蛋液打发。

2 熔化黄油

将黄油放入碗内，连碗一起放入热水锅中，隔热水使黄油熔化成液态备用。

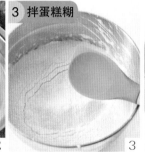

3 拌蛋糕糊

用面粉筛将蛋糕粉筛入打发的全蛋液中，用橡皮刮刀翻拌面糊，要从底部往上翻拌。

Tips

由外向内翻起内部的面粉，不要切拌，每次都要从底部翻起面粉，如此反复约50下。

打发蛋液后拌面粉时要尽量从底部捞起，因为面粉容易沉底，要有耐心地多拌几次。

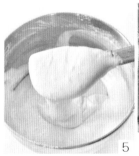

拌好的面糊应光滑无颗粒，加入碎柠檬皮拌匀。

将化好的黄油和柠檬汁分次缓缓地倒入拌好的面糊中。

Tips

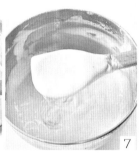

用橡皮刮刀拌匀面糊，至看不到油液的状态。

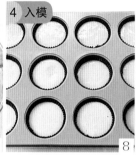

4 入模

将面糊倒入蛋糕模具内，至八分满。

只要蛋液打发足够，就不那么容易消泡。但是加入黄油后就很容易消泡，所以加入黄油后要尽快拌匀，入炉烘烤。

5 烘烤

模具放入预热好的烤箱中层，以160℃上下火烤20分钟，取出放凉，密封静置。这款蛋糕隔夜后再食用风味最佳。

6 打发奶油

食用前取150克动物鲜奶油放入打蛋盆中，加入糖粉15克，用电动打蛋器打至坚挺的状态（参照本书p.26）。

7 裱花

裱花袋装上大菊花嘴，灌入打发的鲜奶油。

在杯子蛋糕的顶部绕圈挤上鲜奶油即可。

Tips

蛋糕一定要放凉后再加鲜奶油，因为奶油遇热就会化掉。蛋糕加了打发的鲜奶油后就要马上食用，不宜久放。

猪猪小语

传说在过去的年代里，澳洲人喜欢做大大的蛋糕来满足人口众多的大家庭享用，可是那时还没有冰箱，澳洲又常年温暖甚至炎热，剩下的蛋糕很快就不新鲜了。于是，就有人想出一个方法，把蛋糕切小块，涂满可可奶或巧克力，然后裹匀椰蓉——"莱明顿（TheLamington）蛋糕就这样诞生了。传统的莱明顿蛋糕底用的是磅蛋糕做法，这里我把它改成了海绵蛋糕底，油和糖用得少，口感也更好。

工具准备

厨房秤、量匙、大号打蛋盆、UN10006-20厘米方形烤盘（金色不粘）、手动打蛋器、电动打蛋器、橡皮刮刀、硅胶垫、巧克力叉、烤箱

Tips

如果你想做其他颜色的蛋糕，只需要在白巧克力酱中加少许天然色素，即可以做出五彩缤纷蛋糕了。

制作过程

澳洲莱明顿蛋糕
（全蛋打发）

材料准备

蛋糕材料：鸡蛋4颗，细砂糖100克，蛋糕粉（或低筋面粉）120克，黄油30克，牛奶48克

粘裹材料：
黑巧克力酱：55%黑巧克力50克，动物鲜奶油50克，可可粉1小匙（7克）
抹茶巧克力酱：白巧克力50克，动物鲜奶油50克，抹茶粉1小匙（7克）
紫薯巧克力酱：白巧克力50克，动物鲜奶油50克，紫薯粉1小匙（7克）
椰蓉100克

烤箱设置

预热温度	烘烤位置	烘烤温度	烘烤时间
160℃	中层	160℃上下火	20~23分钟

1 熔化黄油

将切成小块的黄油和牛奶一同盛入碗中，隔热水加热成液态备用。

2 打发全蛋

将全蛋打入一个大盆内，加入细砂糖，隔40℃温水加热，打发（参照本书p.24全蛋打发。

3 拌蛋糕糊

继续用电动打蛋器低速搅打蛋液1分钟，消除里面的大气泡，然后将蛋糕粉筛入蛋液中。

用橡皮刮刀沿顺时针方向由底部向上捞起，反复翻拌三四十次，拌到面糊变得光滑，看不到明显的干面粉。

取约3大匙面糊，放入步骤1中备好的黄油液体中，用橡皮刮刀大致拌匀。

将上一步拌好的面糊再倒回步骤7的面糊中，用橡皮刮刀迅速拌匀成光滑、无面粉颗粒的面糊，不要久拌。

4 入模 **5 烘烤** **6 制巧克力酱**

烤盘垫上硅胶垫，倒入蛋糕糊，双手捧烤盘，端起5厘米的高度，松手落到案板上，以震去面糊中的大气泡。

烤盘放入预热好的烤箱中层，以160℃上下火烤20~23分钟，用手拍拍蛋糕表面，手感结实就表示烤熟了。

取出烤好的蛋糕，用脱模刀小心地脱模，然后用锯齿刀将蛋糕切分成小块。

2份白巧克力和鲜奶油一同放入干净不锈钢盆中，隔45℃温水加热，边加热边用橡皮刮刀搅拌，制成白巧克力酱。

7 裹巧克力酱

黑巧克力和鲜奶油一同放入干净的不锈钢盆中，隔50℃温水加热，边加热边搅拌，制成黑巧克力酱。

白巧克力酱分成2份，分别加入1小匙抹茶粉和1小匙紫薯粉；黑巧克力浆中加入1小匙可可粉。3份巧克力分别搅拌均匀至无颗粒。

用巧克力叉将蛋糕块放入不同的巧克力酱中，让蛋糕四面均匀地裹上巧克力酱。

3种颜色的蛋糕分别放入装椰蓉的碗中，使四面均匀地裹上椰蓉即可。

Tips

椰蓉分3个碗盛装，这样颜色才不会混在一起。

Tips

熔化好的巧克力酱最好是隔温水保温，以避免中途受冷而凝固。

101

蛋黄派（全蛋打发）

用"快扫"
识别图片
美食视频即刻呈现

猪猪小语 这款蛋糕是我女儿最喜欢的，不但自己爱吃，还经常让我做些带给幼儿园的小朋友们吃。它不含任何添加剂，蛋糕口感绵密，内馅香滑细嫩，含有大量的奶制品，是给孩子补钙的极佳甜点。

工具准备

厨房秤、量匙、打蛋盆、手动打蛋器、电动打蛋器、面粉筛、橡皮刮刀、裱花袋、小锅、UN11006-6 连麦芬盘、烤箱

材料准备　　　此配方可做蛋黄派 6 个

蛋糕材料：黄油 15 克，鲜奶 18 克，细砂糖 50 克，水饴 5 克（或蜂蜜 5 克），蛋糕粉（或低筋面粉）45 克，大鸡蛋 2 颗（净重 90~100 克）

英式奶油霜材料：蛋黄 2 个，鲜奶 65 克，白砂糖 40 克，黄油 100 克，香草精 1/4 小匙（做法参见本书 p.290）

烤箱设置

	预热温度	烘烤位置	烘烤温度	烘烤时间
	160℃	中层	160℃上下火	18~20 分钟

准备工作

1. 两份黄油都要提前半小时从冰箱冷藏库取出，放室温软化至可轻松的按压下手指痕，切小块。
2. 将蛋糕粉用面粉筛筛在一张大纸上。要过筛 2 遍。
3. 将纸模逐个放入蛋糕模具中。

制作过程

1 熔化黄油

1

把黄油和鲜奶一起放入小碗中，隔热水加热成液态。

Tips

这里隔的热水温度无需很精确，大约是冬季洗澡水的温度，过高的温度会把鸡蛋烫熟，所以水温宁可低一些，不可过高。

2 打发全蛋

2

全蛋、细砂糖、蜂蜜（或水饴）一起放入干净、无水无油的打蛋盆内，隔 40~45℃ 的热水打发（参照本书 p.24）。

3 拌蛋糕糊

3

一次性筛入蛋糕粉，用橡皮刮刀从盆的底部往上翻拌，每次都要从盆底把干面粉捞起来。动作要轻柔，一直拌至看不到面粉颗粒，面糊成光滑细腻的状态。

4

取出约 1/10 的面糊，加入到化开的黄油鲜奶中大致拌匀，再倒回步骤 3 的面糊盆中，快速又轻柔地拌均匀。

Tips

5

加入黄油液体后快速翻拌匀，因为打发蛋液最怕油脂，一旦遇到油脂就很快消泡了。所以这里翻拌的动作一定要快。

4 入模

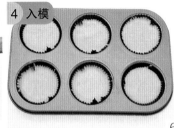

6

面糊拌匀后马上倒入模具中，八九分满即可。因为面糊在烘烤中会膨胀，如果倒入过多面糊，会溢出来。

如直接把黄油液体加入面糊中，因两者比重不同，液体较重，会很快沉入面糊的底部，造成不容易拌匀，而先取一小部分加入黄油液体中拌匀后，两者的比重就相当了，这时黄油液体变成糊状，加入时就是浮在面糊上面的。

5 烘烤

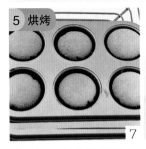

7

模具放入预热的烤箱中层，以 160℃ 上下火烤18~20 分钟，至蛋糕表面金黄即可。

Tips

凉后蛋糕顶部些微回凹，挤入内馅后会回复正常高度。

8

英式奶油霜装入裱花袋中，尖端剪一道小口。

Tips

如果室温太高，可以先将英式奶油霜放入冰箱冷藏15分钟，然后再进行下一步操作。

9

用筷子在冷却的蛋糕侧面扎一个孔。

10

用裱花袋将奶油霜挤进孔中即可。

Tips

注意不要挤得太多，不然蛋糕会爆掉。

反转菠萝蛋糕

（全蛋打发）

工具准备

厨房秤、UN16009-18厘米圆型蛋糕模（双面矽利康）、利刀、硅胶铲、脱模刀、橡皮刮刀、温度计、烤箱

材料准备　　此配方可做18厘米反转菠萝蛋糕 1 个

焦糖菠萝材料：砂糖100克，黄油25克，菠萝罐头5片，黄油5克

海绵蛋糕材料：鸡蛋4颗（去壳180克），细砂糖100克，牛奶45克，黄油35克，水饴（或蜂蜜）7克，蛋糕粉（或低筋面粉）120克

烤箱设置

	预热温度	烘烤位置	烘烤温度	烘烤时间
	170℃	中下层	170℃上下火	（30+3）分钟

Tips

因为反转菠萝蛋糕里面的焦糖浆是流动性的，所以一定要选用固底模具，以免糖浆流出来。

准备工作

用黄油5克在固底模上涂抹均匀。

焦糖菠萝的制作过程

1

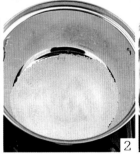

2

3

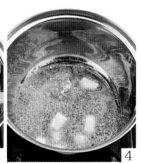

4

取4片菠萝罐头，用利刀从中间对切开，剩一片不切。

不锈钢锅内放入细砂糖，用小火煮制。

当砂糖溶化，并有些微变黄色时，用硅胶铲搅拌，让砂糖均匀受热，糖色越来越深。

当糖全部变浅褐色时加入黄油块。

Tips

煮糖浆的时候要一直用小火慢慢煮，如果用大火很容易就煮焦了，糖浆会变苦；糖还没有彻底溶化时不要搅拌，以免出现反砂现象；当糖煮成糖浆并有些微上色时，要不时用锅铲搅拌，让糖浆的色泽保持一致。

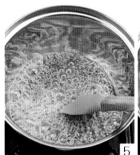

5

6

7

8

搅拌至黄油熔化。

加入菠萝块，继续用小火煮约3分钟。

捞起菠萝块，用温度计测试糖浆温度，煮到110℃时即可关火。

把菠萝块如图平铺在模具底部，淋上煮好的焦糖浆，放置备用。

海绵蛋糕的制作过程

1 拌蛋糕糊、入模

9

10

2 烘烤

11

3 脱模

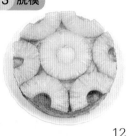

12

参照本书p.92全蛋海绵蛋糕第1~13步做好蛋糕糊（打发全蛋时加砂糖和水饴），倒入垫焦糖菠萝的模具中至八分满。

用双手捧起模具，距离桌面5厘米高度时松手，反复几次以震去面糊中的大气泡。

模具放入烤盘内，放入预热好的烤箱中下层，以170℃上下火烘烤30分钟，再盖上锡纸烤3分钟即可。

烤好的蛋糕无需倒扣，静置放凉后用脱模刀沿划一圈，将模具倒扣在盘中，取下模具，把糖浆淋在蛋糕表面即可。

蜂蜜凹蛋糕（全蛋打发）

蜂蜜凹蛋糕是很受欢迎的一款蛋糕，因为是半熟蛋糕，蛋糕本身会回凹，所以得名。
这款蛋糕有着清香的蜂蜜味，柔软的蛋糕体，切开后会有尚未烤熟的蛋糕糊流出来。
不喜欢吃生蛋糕的同学，可以把它烤成全熟蛋糕，味道同样超赞。

工具准备

厨房秤、UN16008-15厘米圆型活动蛋糕模（双面矽利康）、烘焙油纸、温度计、
电动打蛋器、中号打蛋盆、橡皮刮刀、烤箱

材料准备 ◄ 此配方可做15厘米蜂蜜凹蛋糕 1个

全蛋2个（100克），蛋黄2个（30克），细砂糖60克，蜂蜜15克，蛋糕粉（或
低筋面粉）60克，动物淡奶油25克

烤箱设置

	预热温度	烘烤位置	烘烤温度	烘烤时间
	170℃	底层	170℃上下火	15~20分钟

Tips

这款蛋糕只烤半熟，所以蛋糕体很软，一定要在模具上垫入油纸再倒蛋糕糊，
以方便烤好后脱模。垫油纸的时候在模具上抹一点固态黄油，油纸就能很牢固
地粘在模具上了。

准备工作

剪一张圆形油纸铺垫在
蛋糕模底部，再剪一圈
围边油纸，围在蛋糕模
内壁上。可在模具上先
抹点黄油，将油纸粘在
模具上。

制作过程

1 打发全蛋

全蛋、蛋黄、细砂糖、蜂蜜倒入盆内。取较大的不锈钢锅，倒入凉水，置火上，凉水中放入打蛋盆，隔水加温，同时用手动打蛋器不停搅拌。

加热至蛋液温度达到 38~40℃时，立即将打蛋盆端离热水。

用电动打蛋器中速搅打，蛋液会慢慢由黄变白，体积膨大。搅打到蛋液由黄色转为浅白色，提起打蛋头时蛋液如缎带般流下，并在短短几秒中后才消失即可。

2 拌蛋糕糊

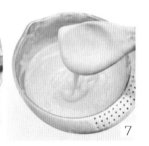

将蛋糕粉筛入打蛋盆内，面粉会沉到蛋液之下，用橡皮刮刀由底向上轻轻翻拌。

一直翻拌到看不到面粉颗粒、面糊变得光滑细腻。

将动物淡奶油小心地淋在面糊上。

继续用橡皮刮刀从底部向上翻拌，直到完全拌匀、看不到液体。

Tips

加入面粉和动物淡奶油后，只要轻轻将所有材料拌匀就好，不要过度搅拌，以免造成蛋液消泡，蛋糕就不膨松了。

3 入模

将做好的蛋糕糊倒入模具内。

4 烘烤

预热好的烤箱底层放烤盘，上面再放一烤网，将放蛋糕糊的模具放在烤网上，以 170℃上下火烤 15 分钟（半熟）~20 分钟（全熟）。

烤好的蛋糕不要倒扣，直接提起油纸，连蛋糕一同取出，再撕去油纸即可。

巧克力棉花派
（全蛋打发）

材料准备　此配方可做巧克力棉花派 5 个

蛋糕材料：鸡蛋100克（2颗），蛋黄15克（1颗），蛋糕粉（或低筋面粉）90克，细砂糖40克，蜂蜜5克，香草精1/2小匙

棉花糖材料：吉利丁片1片，水饴47克，细砂糖37克，清水20克，蛋白35克，细砂糖10克，柠檬汁5滴

裹面材料：33%牛奶巧克力100克

烤箱设置

	预热温度	烘烤位置	烘烤温度	烘烤时间
	180℃	中层	180℃上下火	12分钟

工具准备

中号打蛋盆、手动打蛋器、电动打蛋器、面粉筛、橡皮刮刀、方形不粘烤盘、大号裱花袋、直径6毫米的圆口裱花嘴、巧克力熔炉

Tips

如果家里没有巧克力熔炉，可以隔50℃温水加热熔化巧克力。

制作过程

1 打发全蛋

2 拌蛋糕糊

将全蛋、蛋黄、细砂糖、蜂蜜放入小盆内，隔45℃温水加热，边加热边用手动打蛋器搅拌，直至蛋液温度达到38℃左右。

将蛋液端离热水，用电动打蛋器中速打发。开始的时候蛋液是黄色，慢慢的色泽越变越浅，体积膨大。

打到蛋液色泽转白、气泡变小，提起打蛋头时滴落的蛋液可划出8字形，几秒钟后才消失。

蛋糕粉筛入蛋液中，用橡皮刮刀由底部向上捞起，将面糊拌匀，加入香草精。

3 整形

4 烘烤

5 组合

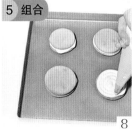

一直拌至看不到干面粉，面糊呈光滑、细腻的状态。

Tips
拌蛋糕面糊时不要拌太久，以免蛋液消泡。

裱花嘴装入裱花袋中，再将面糊装入裱花袋中，在烤盘上挤出直径6厘米的圆形饼，互相之间要保持间距。

烤盘放入预热好的烤箱中层，以180℃上下火烘烤12分钟。

参照本书 p.270 猫爪棉花糖的做法做好棉花糖。烤好的蛋糕取出，每2片1组，在其中一片上绕圈挤上棉花糖。

6 制巧克力酱

7 裹巧克力酱

取另一片蛋糕片，盖在棉花糖上。

牛奶巧克力放入巧克力熔炉中，设置温度为50℃，搅拌至熔成光滑细腻的酱状。

把夹好棉花糖的蛋糕放入巧克力酱中。

用筷子把蛋糕翻面，使其均匀裹满巧克力酱，放在油布上自然冷却。

Tips
裹巧克力酱所需的时间比较长，如果气温低则容易凝固。所以我使用了有恒温功能的巧克力熔炉。如果你是使用隔水加热法，就要把巧克力酱放在温水中保温以免凝固。裹好巧克力的蛋糕要放在油布上或不粘烤盘上，以免弄得到处都是。

炼乳绵绵小蛋糕 （分蛋打发）

猪猪小语

我一直致力于尝试不加任何添加剂也能做出口感细腻的蛋糕的方法。这款蛋糕我做了很多次，不断调整配方，最终辛苦得到了回报，终于做出了细嫩软绵、入口即化，隔夜食用也不会影响口感的松松软软的小蛋糕。女儿非常喜欢，给它起了个名叫"绵绵蛋糕"。

这款蛋糕采用分蛋海绵的方法，将蛋黄和蛋白分别打发。大家都知道做蛋糕时蛋白的打发很重要，其实蛋黄打发也很重要，只有蛋黄充分乳化，才能做出细腻好吃的蛋糕。

工具准备

厨房秤、12 连蛋糕模、纸杯、电动打蛋器、小号打蛋盆、橡皮刮刀、烤箱

材料准备 — 此配方可做炼乳绵绵小蛋糕 7 个

A：蛋黄 50 克，细砂糖 20 克，炼乳 20 克，色拉油 15 克，牛奶 22 克
B：蛋糕粉（或低筋面粉）23 克，玉米淀粉 30 克
C：蛋白 40 克，细砂糖 15 克

UN11005-12 连麦芬盘
（双面矽利康）

准备工作

1.鸡蛋从冰箱里取出，在室温下回温，分开蛋白和蛋黄，分别放入打蛋盆中。
2.玉米淀粉和蛋糕粉混合，用面粉筛过筛（B 料）。

烤箱设置

	预热温度	烘烤位置	烘烤温度	烘烤时间
	150℃	中层	150℃上下火	25 分钟

Tips

面糊加入油类和液体类的会很快消泡，所以在制作蛋糕前要预热好烤箱，面糊不能等太久。

制作过程

1 打发蛋黄

1

2

先后加入 A 料中的炼乳和一半的牛奶，分别用电动打蛋器中速搅匀。

3

2 加入粉类

4

蛋黄加入细砂糖20克，隔 40℃ 温水加热，边加热边用手动打蛋器搅拌，至蛋液达到 38℃ 左右时离火（A 料）。

用电动打蛋器中速搅拌，一直打到蛋液浓稠，提起打蛋头时蛋液如锻带般缓慢流下。

加入筛过的 B 料，用电动打蛋器低速搅匀，至看不到干面粉即可。

Tips

蛋黄打发所需时间较长，一定要打到蛋黄由黄色转成浅白色、体积膨大至 2 倍、提起打蛋头时蛋液呈锻带般流下才可以。

Tips

打发蛋黄时不能一次加入过多的牛奶，所以这里先加一半的量，后面加入蛋白霜后再加入剩余牛奶。

3 打发蛋白

5

4 拌蛋糕糊

6

7

8

蛋白加入细砂糖15克（C 料），用电动打蛋器中速搅打至干性发泡。

取 1/2 的蛋白霜加入到蛋黄面糊里，用橡皮刮刀拌匀。

再加入剩下的蛋白霜，用橡皮刮刀拌匀，至面糊呈光滑的锻带状。

A 料中的色拉油和剩余牛奶搅匀，加入 1 大匙步骤 7 拌好的面糊拌匀。

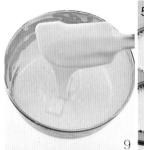

9

5 入模

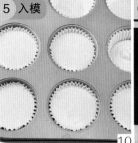

10

6 烘烤

11

Tips

再倒回步骤 7 拌好的面糊中，用橡皮刮刀快速从底部向上捞起拌匀，至面糊中看不到油迹。

蛋糕纸杯放入 12 连蛋糕模中，倒入步骤 9 拌好的面糊，九分满即可，可倒 7 杯。

烤箱提前预热至 150℃，蛋糕模放入烤箱中层，以 150℃ 上下火烤 25 分钟即可。

1. 不同品牌的烤箱，实际温度和设定温度之间温差情况也会不同，需要用温度计测试、调整以达到合适的温度。

2. 这款蛋糕不会太上色，只要烤够 25 分钟后用手轻拍蛋糕表面，手感结实就说明蛋糕熟了。

猪猪小语

可可粉含油脂，无论是用分蛋法或是全蛋法，都容易造成消泡。因此，烤可可蛋糕对于烘焙爱好者来说是一大难题。今天我就要教大家解决这个难题。我采用了分开蛋白和蛋黄，并分别打发的方法，这个方法可以非常有效地提高制作可可蛋糕的成功率。快来试试吧！

工具准备

UN16007–15厘米圆形蛋糕模、中号打蛋盆、面粉筛、橡皮刮刀、油纸、蛋糕冷却架

准备工作

1. 蛋白和蛋黄分别装入无水无油的打蛋盆内。
2. 黄油放盆中隔热水化开成液态。
3. 在蛋糕模内垫上圆形油纸，围边上也围上油纸(参见本书p.20)。
4. 蛋糕粉和可可粉混合搅匀，过筛备用。

可可分蛋海绵蛋糕（分蛋打发）

> 用"快扫"识别图片
> 美食视频即刻呈现

材料准备 ▶ 此配方可做15厘米可可分蛋海绵蛋糕 1个

A：蛋黄120克，细砂糖40克，蛋糕粉（或低筋面粉）60克，可可粉24克，黄油36克

B：蛋白120克，细砂糖50克

烤箱设置

	预热温度	烘烤位置	烘烤温度	烘烤时间
	160℃	中层	160℃上下火	35分钟

制作过程

1 打发蛋黄

1

蛋黄中加入细砂糖40克，参照本书p.23蛋黄打发的方法，在不加热的情况下打发蛋黄。

2

蛋黄变得越来越白，体积膨大至原来的2倍，提起打蛋头时蛋液如缎带般流下，即完成打发。

2 打发蛋白

3

蛋白盆中分3次加入B料中50克细砂糖，用电动打蛋器中速打至九分发（参照本书p.22）。

 4

 5

3 拌蛋糕糊

 6

 7

取大约 1/3 的打好的蛋白霜，加入到打好的蛋黄中，用橡皮刮刀翻拌均匀。

翻拌时间不宜过长，拌到看不到蛋白即可。

分 2 次加入筛过的蛋糕粉和可可粉，每次都要用刮刀翻拌均匀。

拌的时候尽量从底部往上翻。

Tips

加入面粉后翻拌时间可以长些，要把面糊彻底拌匀，这样做出来的蛋糕才细腻。

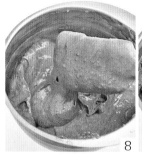 8

 9

 10

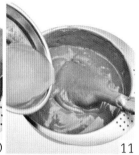 11

直到面糊彻底拌匀，看不到一丝的蛋白霜。

分 2 次加入剩下的蛋白霜，每次都要翻拌到看不到蛋白为止。

面糊拌好的状态。

加入黄油液快速拌匀。加油脂后蛋液易消泡，动作要尽量快。

 12

4 入模

 13

5 烘烤

 14

6 脱模

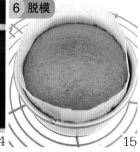 15

拌好的面糊可以像锻带一般飘落。

把面糊倒入模具中，八分满。

模具放入预热好的烤箱中层，以 160℃上下火烘烤 35 分钟。

用手拍拍蛋糕表皮不粘手，有弹力，表示蛋糕好了。烤好的蛋糕马上取出来，不需要倒扣。

Tips

我烤这款蛋糕用的是 57 升的嵌入式烤箱，如果您使用小烤箱来烤，则需要在最后剩 5~10 分钟时在蛋糕表面加盖锡纸，以防止将表皮烤焦。可适当增加一点烘烤的时间。

工具准备

厨房秤、20 厘米方形烤盘、面粉筛、中号打蛋盆、电动打蛋器、橡皮刮刀、油纸、抹刀、锯齿刀、干净棉绳、烤箱

UN35220- 锯刀

UN35210-8 吋刮平刀

准备工作

1. 提前 15 分钟开启烤箱，将烤箱预热至 160℃。

2. 参照本书 p. 112 可可分蛋海绵蛋糕的做法，将材料 A 做成可可海绵蛋糕糊，倒入垫纸的 20 厘米方模中，放入预热至 160℃的烤箱中层，上下火烤 25 分钟，取出冷却，用切片器夹住锯齿刀，将蛋糕横向切成三片（见下图）。

小夜曲巧克力蛋糕

（分蛋打发）

材料准备

A：蛋糕粉（或低筋面粉）75 克，可可粉 30 克，蛋黄 150 克，细砂糖 55 克，蛋白 150 克，细砂糖 60 克，黄油 45 克

B：动物鲜奶油110克，33%牛奶巧克力135克，动物鲜奶油200克

C：70% 黑巧克力 120 克，动物鲜奶油 86 克

烤箱设置

预热温度	烘烤位置	烘烤温度	烘烤时间
160℃	中层	160℃上下火	25 分钟

制作过程

1 制奶油馅

取动物鲜奶油 110 克，与牛奶巧克力 135 克一起放小奶锅中，加热至鲜奶油有些微沸腾。

用橡皮刮刀搅拌至化成光滑、细腻的酱状，将小奶锅放入冰水中快速降温，边降温边搅拌。

将动物鲜奶油 200 克放盆中，用电动打蛋器搅打至九分发，加入放凉的奶油巧克力酱。

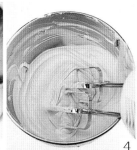

用电动打蛋器低速搅匀，巧克力奶油馅就做好了。放入冰箱冷藏半小时至半凝固状态。

2 夹馅

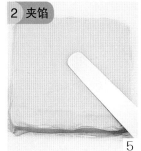

5

取一片蛋糕片，用抹刀涂抹一层巧克力奶油馅。

6

盖上一片蛋糕。

7

再抹一层巧克力奶油馅。

8

盖上第三片蛋糕。

Tips

在给蛋糕片抹夹心层时尽量每一层都抹相同的分量，这样切面才好看。可以用称把奶油馅先称出两等份再抹，比较容易控制用量。

3 制巧克力酱

9

将 70% 黑巧克力 120 克、动物鲜奶油 66 克一起放入不锈钢碗中，隔 50℃ 热水加热，边加热边搅拌，直至熔化成光滑的酱状。

4 抹巧克力面

10

将巧克力酱抹在蛋糕顶部，用蛋糕抹刀抹平，移入冰箱冷藏 1 小时。

11

将冷藏好的蛋糕用绵绳拉线定位。

12

用利刀将蛋糕分割成长方块，在表面装饰上水果即可。

Tips

刚抹好面的巧克力蛋糕会很软，一切就松散了，所以要把蛋糕移到冰箱冷藏后再切，且切的时候要用锋利的刀，才能切出整齐的形状。夏季冷藏 4 小时，冬季冷藏 1 小时。

椰香戚风蛋糕
（分蛋打发）

工具准备

厨房秤、18厘米中空戚风模、面粉筛、打蛋盆、手动打蛋器、电动打蛋器、橡皮刮刀、脱模刀、烤箱

材料准备 　　此配方可做18厘米中空椰香戚风蛋糕　1　个

A：蛋白168克（5~6颗小鸡蛋），细砂糖62克，鲜榨柠檬汁5滴（若无，可免）

B：蛋黄85克（5~6颗），色拉油48克，椰浆（或纯牛奶）70克，细砂糖15克，戚风蛋糕粉（或低筋面粉）80克

烤箱设置

	预热温度	烘烤位置	烘烤温度	烘烤时间
	160℃	中下层	160℃上下火	45分钟

准备工作

将蛋黄和蛋白分别装入无水无油、干净的打蛋盆内。

Tips

我使用的椰浆是浓缩椰浆，做出来的蛋糕会有浓郁的椰香味，而且很湿润。如果手边没有，可以用等量的牛奶代替，做出的就是原味戚风了。

制作过程

1 拌蛋黄糊

2 打发蛋白

3 拌蛋糕糊

蛋黄中先后加入细砂糖15克及椰浆和色拉油，用手动打蛋器顺一个方向搅拌均匀。

加入筛过的戚风蛋糕粉，继续用手动打蛋器沿顺时针方向搅拌均匀，即成蛋黄面糊。

蛋白盆中加入柠檬汁，用电动打蛋器搅打至起鱼眼泡，再分3次加入62克细砂糖，打至十分发（参照本书 p.22）。

取1/3蛋白霜加入蛋黄糊中，用橡皮刮刀用切拌和翻拌的手法拌匀。

  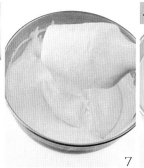 

4 入模

一直拌到看不到蛋白霜，再加入1/3蛋白霜继续拌匀。

拌至面糊光滑后倒回到剩下的1/3蛋白霜中，用橡皮刮刀翻拌均匀。

拌好的蛋糕糊应看不到一丝蛋白，而且呈光滑的状态。

将蛋糕糊倒入模具中，倒至八分满即可，用竹签在蛋糕糊中划几圈以去除大的气泡。

  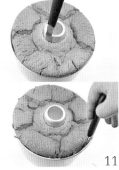 

5 烘烤

6 脱模

模具放入预热好的烤盘中，放于烤箱中下层，以160℃上下火烘烤45分钟。

戴上手套取出烤好的蛋糕，将模具倒扣，中间圆柱孔插在酒瓶上。

等待2小时彻底凉透后脱模：用脱模刀先沿着模具内圆柱划一圈，再沿着模具四周划一圈。

将蛋糕模倒扣，脱掉圆模，最后从模底横切一刀脱模。

黑芝麻戚风蛋糕
（分蛋打发）

制作关键早知道：做好戚风蛋糕的要点

①蛋白的打发，制作关键是鸡蛋必须新鲜，打蛋盆和打蛋器都要非常干净，无水无油。因为不同的打蛋器功率不同，不同的操作者打蛋手法不同，所以打发蛋白的时间是不固定的，要根据蛋白的状态而定。

②拌面糊。拌面糊时手法要轻，每次都要从盆的底部向上捞起，中间可以横着切拌，打散蛋白中的结块。拌到面糊中看不到蛋白即可，不要过度搅拌，也不可长时间搅拌，这样都容易造成消泡，使戚风膨胀不起来。

③中空戚风蛋糕非常软嫩，如果在蛋糕还热的时候就脱模，蛋糕容易变形回缩，所以一定要凉透后再脱模。脱模时脱模刀要一次性划完整圈，不要中途拔出来再插入，这样很容易插破蛋糕。

材料准备　　　此配方可做18厘米中空黑芝麻戚风蛋糕　1 个

A：蛋黄5颗（74克），戚风蛋糕粉（或低筋面粉）60克，色拉油50克，清水80克，黑芝麻45克

B：蛋白5颗（162克），细砂糖80克，盐1克

戚风蛋糕粉

工具准备

厨房秤、搅拌机、中号打蛋盆、手动打蛋器、电动打蛋器、橡皮刮刀、18厘米中空戚风模、烤箱

准备工作

1. 将黑芝麻洗净，沥干水分。

2. 鸡蛋分开蛋黄和蛋清，分别装在干净无水无油的盆里。

3. 戚风蛋糕粉用面粉筛筛入一个干净的大盆里备用。

烤箱设置

	预热温度	烘烤位置	烘烤温度	烘烤时间
	170℃	底层	170℃上下火	40 分钟

制作过程

1 制黑芝麻泥

1

黑芝麻放入搅拌机内，加入清水 80 克，搅拌成细腻的泥状。 **Tips**

尽量磨得细一些，做出的蛋糕口感才好。

2 拌蛋黄糊

2

蛋黄中依次加入色拉油和盐、黑芝麻泥、戚风蛋糕粉，每次都用手动打蛋器充分搅匀，最后成糊状。

3 打发蛋白

3

参考本书中 P 打发蛋白的方法，分 3 次加入白砂糖，将蛋白打至十分发，即为蛋白霜。

4 拌蛋糕糊

4

取 1/3 的蛋白霜加入黑芝麻面糊中，用橡皮刮刀翻拌均匀。

5

再加入 1/3 蛋白霜，继续用橡皮刮刀翻拌匀。

6

最后将拌好的面糊全部倒回剩下的蛋白霜中。

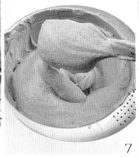

7

用橡皮刮刀由底向上仔细地翻拌均匀，直到看不到一丝蛋白霜。

5 入模

8

将拌好的面糊倒入戚风模具中，倒至八分满。

6 烘烤

9

将戚风模具放入预热好的烤箱底层，以 170℃上下火烘烤 40 分钟。

7 冷却

10

取出戚风模具，马上倒扣在蛋糕架上，放至自然冷却。

8 脱模

11

用脱模刀小心地插入模具与蛋糕之间，转动划开。

12

将模具反扣，用双手按压模具，即可脱模。

蜂蜜核桃戚风
（分蛋打发）

工具准备

厨房秤、18 厘米圆形中空戚风模、面粉筛、打蛋盆、手动打蛋器、电动打蛋器、橡皮刮刀、脱模刀、烤箱

UN35200- 脱模刀

材料准备   此配方可做18厘米蜂蜜核桃戚风　1　个

A: 蛋白 200 克（5~6 颗），细砂糖 60 克

B: 蛋黄 85 克（5~6 颗），蜂蜜 30 克，色拉油 40 克，牛奶 35 克，戚风蛋糕粉（或低筋面粉）85 克，核桃仁 38 克

准备工作

核桃仁用利刀切成黄豆大小的颗粒。

烤箱参数	预热温度	烘烤位置	烘烤温度	烘烤时间
	160℃	中下层	160℃上下火	43 分钟

制作过程

1 拌蛋黄糊

2 打发蛋白

3 拌蛋糕糊

蛋黄放盆中，用手动打蛋器搅散，依次加入蜂蜜、牛奶、色拉油、戚风蛋糕粉，每次都用打蛋器沿一个方向搅匀。

参照本书 p.22 的蛋白打发过程，往蛋白中分 3 次加入 60 克细砂糖，打至干性发泡。

用手动打蛋器在蛋白中顺时针搅几下，拉起打蛋器时蛋白的尖角直立，蛋白霜就做好了。

取 1/3 的蛋白霜加入到蛋黄面糊中，用橡皮刮刀用切拌和翻拌的手法拌匀。

Tips

蜂蜜易造成消泡，所以我加大了蛋白用量，且尽量将蛋白打至干性发泡，要用手动打蛋器再确认一下蛋白霜的状态。

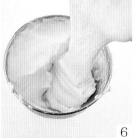

一直拌到看不到一丝蛋白霜，再加入 1/3 蛋白霜继续拌匀。

拌至面糊光滑后将其倒回剩下的蛋白霜中，用橡皮刮刀翻拌匀。

拌好的面糊中应看不到一丝蛋白，细腻光滑。

加入碎核桃仁快速拌匀，蛋糕糊就做好了。

Tips

步骤 6 要尽量拌匀，加入核桃仁后不要久拌。

4 入模

5 烘烤

6 脱模

将蛋糕糊倒入模具中，倒至八分满即可，用竹签在面糊中划几圈以去除大的气泡。

模具放入预热好的烤箱中下层，以 160℃上下火烘烤 43 分钟。

Tips

加蜂蜜的蛋糕易上色，顶部易糊，剩下 5 分钟时要在顶部加盖锡纸。

戴上手套取出烤好的蛋糕，将模具倒扣，中间圆柱孔插在酒瓶上。

Tips

等待 2 小时，蛋糕彻底放凉后脱模即可。

如果烘烤后的成品中核桃仁沉底了，说明蛋白霜打发得不够，或是拌面糊太久造成了消泡。

猪猪小语

从开始做烘焙以来，做了不少于一百个戚风蛋糕了。说实话，我还是喜欢吃原味的蛋糕，加了其他原料的蛋糕就会失去蛋香味了。

某粉丝大爱红枣，要求我"山寨"一款枣糕，因为市售的枣糕都会加泡打粉、乳化剂、色素、香精等，不安全。我抱着试试看的心态做了这款戚风，虽然红糖和红枣的味道早就盖过了鸡蛋的味道，但是它香醇的枣味和湿润的口感瞬间就征服了我。你也来试试吧~

红糖红枣戚风 （分蛋打发）

工具准备

厨房秤、18厘米中空蛋糕模、搅拌机、打蛋盆、手动打蛋器、面粉筛、橡皮刮刀、电动打蛋器、烤箱

材料准备

此配方可做18厘米中空红糖红枣戚风 1 个

A
新疆和田玉枣 120 克

B
清水 65 克，色拉油 50 克，戚风蛋糕粉（或低筋面粉）80 克，蛋黄 5 颗（约 75 克）

C
蛋白 5 颗（约 170 克），红糖 60 克

Tips

红枣要选品质好、个头大的，才容易取肉，枣味也浓郁。我选的是新疆的和田玉枣，核小肉多味道好。

准备工作

红糖放入网筛中，用刮刀尽量压碎。

烤箱设置

	预热温度	烘烤位置	烘烤温度	烘烤时间
	160℃	底层	160℃上下火	43 分钟

制作过程

1 制枣泥

1

2 拌蛋黄糊

2

3

3 打发蛋白

4

红枣洗净去核，称出50克和30克，30克切小块备用；50克切大块，放搅拌机中，加65克清水，搅成细致的泥状。

蛋黄放盆中搅散，依次加入色拉油、红枣泥，每次都用手动打蛋器搅匀。

Tips

筛入戚风蛋糕粉，用打蛋器顺一个方向搅匀，不要过度搅拌以免起筋。

蛋白放入盆中，一次加入全部红糖，用电动打蛋器低速搅打约2分钟。

> 红枣加清水打枣泥时，可能会因为太干而不容易打，这时最好用机器的"点动"搅拌法，多搅拌几次。

5

6

4 拌蛋糕糊

7

8

转中速搅打，可以看到蛋白的颜色越来越浅，体积越来越大，打蛋器走过的位置会起纹路。

打至提起打蛋头，看到打蛋头上拉起短而小的尖峰，即达到硬性发泡的程度了。

Tips

用橡皮刮刀取1/3的蛋白糊，放入前面打好的蛋黄糊中。

用橡皮刮刀由底向上翻拌，混合均匀后再加入1/3的蛋白霜，继续混合均匀。

> 因为蛋黄糊中加了枣泥，所以要将蛋白尽量打至硬性发泡，以免拌糊时消泡。

9

5 入模

10

6 烘烤

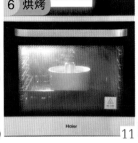

11

7 脱模

12

将混好的面糊倒回剩下的蛋白霜盆内，用橡皮刮刀轻轻拌匀，加入30克红枣碎拌匀，蛋糕糊就做好了。

蛋糕糊倒入模具内，用细竹签划几圈以消除大气泡。双手捧起模具，在垫毛巾的案板上摔几次以震去大气泡。

模具放在烤盘上，放入预热好的烤箱最底层，以160℃上下火烤43分钟。剩余5分钟时在表面盖锡纸以防烤焦。

烤好的蛋糕取出，连同模具一起反扣在烤网上放凉，等彻底凉透后用脱模刀插入模具，小心地将蛋糕脱出来即可。

北海道戚风蛋糕

（分蛋打发）

材料准备 此配方可做北海道戚风蛋糕 11 个

蛋糕材料：

A：蛋黄 80 克，细砂糖 20 克，色拉油、牛奶各 40 克，戚风蛋糕粉（或低筋面粉）50 克，盐 1/4 小匙

B：蛋白 200 克，细砂糖 70 克

C：糖霜 10 克

奶油布丁馅材料（做法参照本书 p.234 爆浆菠萝泡芙中卡仕达奶油馅的做法）：牛奶 250 克，细砂糖 50 克，蛋黄 3 个，低筋面粉 25 克，黄油 20 克，香草豆荚 1/4 支（或香草精 1/4 小匙），动物鲜奶油 150 克，糖粉 15 克

准备工作

1.将蛋清和蛋黄分开，分别装在干净、无水无油的打蛋盆内。

2.戚风蛋糕粉过面粉筛备用。

烤箱设置

	预热温度	烘烤位置	烘烤温度	烘烤时间
	175℃	中下层	175℃上下火	15 分钟

工具准备

厨房秤、量匙、打蛋盆、手动打蛋器、电动打蛋器、裱花袋、泡芙花嘴、橡皮刮刀、蛋糕纸杯（11 个，下底边长 4.8 厘米、高 4.9 厘米）

SN7144-特殊花嘴（尖嘴）/泡芙专用花嘴

制作过程

1 拌蛋黄糊

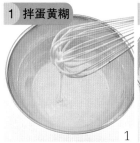

2 打发蛋白

3 拌蛋糕糊

蛋黄中依次加入A料中的细砂糖、色拉油、牛奶、戚风蛋糕粉，每加一次都用手动打蛋器搅打匀，即成蛋黄面糊。

参照本书p.22中的蛋白打发方法，将蛋白用电动打蛋器打至八分发，蛋白霜呈弯钩状。

取1/3打发好的蛋白霜，加入蛋黄面糊中。

用橡皮刮刀采用切拌和翻拌的方法，将蛋白霜和面糊拌匀。

4 入模、烘烤

拌至看不到蛋白霜，再加入1/3的蛋白霜继续拌匀。

将拌好的面糊倒回剩下的蛋白霜中。

用橡皮刮刀采用切拌和翻拌的方法，拌至看不到蛋白霜，面糊呈流动的状态。

面糊倒入纸杯中至八分满，放入预热好的烤箱中下层，以175℃上下火烤15分钟后取出晾凉。

Tips

烘烤时间亦很关键，不宜过长，否则蛋糕容易变干。

5 挤奶油馅

裱花袋上装上泡芙专用花嘴，放入阔口杯子中，将煮好的奶油布丁馅装入裱花袋中。

冷却的蛋糕中挤入奶油布丁馅，要挤至蛋糕膨胀起来、表面流出少许馅料。

用网筛将糖霜筛在蛋糕表面即可。

Tips

1. 这款蛋糕是多鸡蛋、少面粉的做法，烘烤过程中会胀得很高，冷却后又会自然回缩，只有填充内馅后才能再次膨胀回刚烤好的形状。要完全冷却后再挤内馅，挤内馅时感觉蛋糕已膨胀起来就要停止，否则容易把蛋糕挤爆。
2. 做好的蛋糕要放入冰箱，冷藏1小时后食用最佳。

猪猪小语

细腻松软的蛋糕体、香滑的沙拉酱，配上酥松的肉松，味道好极了。这款蛋糕的制作关键是蛋白打至九分发，不要打得过硬，也不能太软。如果打发不到位，拌成面糊后会过稀，造成挤出的蛋糕糊很快就摊成一大片，最后烤出的蛋糕片会很难看。

工具准备

厨房秤、方形不粘烤盘、小号打蛋盆、手动打蛋器、电动打蛋器、橡皮刮刀、大号裱花袋、8毫米圆形裱花嘴、锯齿刀、小抹刀、刮板、烤箱

圆形裱花嘴

准备工作

1. 将戚风蛋糕粉和玉米淀粉混合后过筛。
2. 将蛋清和蛋黄分开，分别装入干净、无水无油的打蛋盆中。
3. 烤箱要提前预热，大约在操作到一半的时候就可以设置温度开启烤箱了。

金丝肉松元宝蛋糕
（分蛋打发）

材料准备 ◀── 此配方可做金丝肉松元宝蛋糕 8 个

蛋糕材料

A：蛋黄 75 克，牛奶 20 克，色拉油 15 克，戚风蛋糕粉（或低筋面粉）25 克，玉米淀粉 10 克

B：蛋白 90 克，细砂糖 45 克

内馅材料

肉松 60 克，沙拉酱 40 克

烤箱设置

	预热温度	烘烤位置	烘烤温度	烘烤时间
	170℃	中层	170℃上下火	12分钟

制作过程

1 拌蛋黄糊

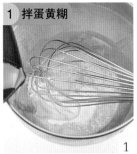

2 打发蛋白

3 拌蛋糕糊

蛋黄用手动打蛋器搅散，依次加入色拉油、牛奶，每次都用手动打蛋器搅匀。

加入筛过的戚风蛋糕粉和玉米淀粉，用手动打蛋器划圈搅拌，直至看不到干面粉，成光滑的面糊状。

参照本书 p.22 蛋白打发的方法，将蛋白分 3 次加入细砂糖 45 克，用电动打蛋器打成九分发的蛋白霜。

取一半蛋白霜放入蛋黄糊中，用橡皮刮刀用切拌和翻拌手法拌匀，至看不到明显的蛋白霜。

4 整形

5 烘烤

加入剩下的蛋白霜，继续用橡皮刮刀翻拌匀。

最后制成的蛋糕糊，应是光滑的、可流淌的。

Tips

做好的蛋糕糊要尽快烘烤，如果等待时间过长，蛋液容易消泡。

取大号裱花袋，装上花嘴，放入阔口杯子里，倒入制好的蛋糕糊，在不粘烤盘上挤出直径 10 厘米的圆片。

烤盘放入预热好的烤箱中层，以 170℃ 上下火烘烤 12 分钟。

Tips

蛋糕烘烤时间不宜过长，不然蛋糕会烤得干且硬。

6 装饰

取出蛋糕晾至温热，用刮板将蛋糕从金盘上刮下来。

用刀将蛋糕从中对切开，在蛋糕平的一面上用抹刀涂抹沙拉酱。

用筷子夹上肉松，在其中的一片上铺满，与另一块涂好沙拉酱的蛋糕扣在一起即可。

Tips

一次吃不完的蛋糕不要挤沙拉酱，可切成两半后用保鲜袋密封起来，等要吃的时候再抹沙拉酱、撒肉松即可。

彩虹推推乐 （分蛋打发）

 猪猪小语 这是一款特别适合在孩子生日宴上食用的蛋糕，因为小孩子大都爱吃奶油蛋糕，对这种色彩缤纷、奶油满满的小蛋糕更是没有抵抗力。

工具准备

厨房秤、推推乐模具（6个）、打蛋盆、电动打蛋器、手动打蛋器、20厘米方形不粘烤盘、橡皮刮刀、油纸、SN7092号花嘴、中号裱花袋、烤箱

材料准备　　此配方可做彩虹推推乐　6　个

A：蛋白5个（145克），细砂糖60克

B：蛋黄5个（65克），细砂糖 20克，色拉油45克，鲜牛奶45克，戚风蛋糕粉（或低筋面粉）70克

C：红、黄、蓝、绿、紫五种色素

D：动物鲜奶油 200克，细砂糖 20克

推推乐模具

准备工作

1. 将蛋清和蛋黄分开，分别装入干净、无水无油的打蛋盆中。

2. 准备5个小盆，5种色素分别用牙签挑一点点，放入盆中。

烤箱设置

	预热温度	烘烤位置	烘烤温度	烘烤时间
	150℃	中层	150℃上下火	30分钟

制作过程

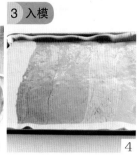

1 制蛋糕糊	2 调色	3 入模

1

2

3

4

参照本书 p.121 蜂蜜核桃戚风第 1~7 步，做好蛋糕糊。

将拌好的面糊均分成 5 份，分别倒入放色素的盆内。

用翻拌法拌匀。拌好后应是半固体状的，如果很稀则说明消泡了。

沿着烤盘的一边将蛋糕糊逐个倒下去，直至将所有的蛋糕糊都倒完。

Tips

1. 拌好面糊后动作要快，不要停留太长时间，所以我提前准备好小盆，把色素放在盆里，拌好蛋糕糊就立刻倒入盆中翻拌。如果等到蛋糕糊拌好才去取色素，就会使做好的蛋糕糊停留时间过长，从而造成蛋白消泡。
2. 加入色素搅拌的时候，要用翻拌法，不可以顺时针搅拌，因为搅拌也容易造成消泡。搅好的面糊还是很浓稠的，我直接用从盆里倒入烤盘中，这样操作也可以节约时间。

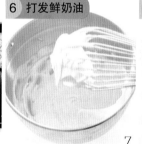

4 烘烤	5 整形	6 打发鲜奶油	7 组装蛋糕

5

6

7

8

烤盘放入预热好的烤箱中层，以 150℃上下火烤 30 分钟。

烤好的蛋糕用推推乐模具按压出形状，再用剪刀略做修剪。

动物鲜奶油放打蛋盆中，加入细纱糖，用手动打蛋器搅打至硬挺。

取裱花袋，装上 SN7092 号花嘴。

9

10

11

12

将裱花袋套入一高杯内，装入打发的鲜奶油。

扎紧收口。

在底层铺上紫色蛋糕片，挤一圈奶油。

再铺一层蛋糕片，再挤一圈奶油。如此反复，最后在顶部挤一圈奶油作为装饰即可。

焦糖布丁蛋糕（分蛋打发）

猪猪小语 这款蛋糕复合了三种口味，倒入模具中的各种材料是等量的，要注意比例。

工具准备

厨房秤、19厘米布丁模（1个）、17厘米布丁模（1个）、硅胶铲、过滤网筛、电动打蛋器、橡皮刮刀、手动打蛋器、中号打蛋盆、烤箱

材料准备 ◄ 此配方可做17厘米和19厘米焦糖布丁蛋糕各 1 个

A：细砂糖50克，清水30克

B：开水200克，细砂糖25克，吉利丁片2片

UN20002-空心圆模
（双面矽利康）

130

C：鲜奶 250 克，全蛋 130 克，细砂糖 50 克，香草豆荚 1/2 根

D：鲜奶 40 克，黄油 45 克，蛋糕粉（或低筋面粉）45 克，蛋黄 70 克，蛋白 140 克，细砂糖 70 克，郎姆酒 10 克

烤箱设置

	预热温度	烘烤位置	烘烤温度	烘烤时间
	160℃	底层，水浴法	160℃上下火	30 分钟

准备工作

黄油提前从冰箱取出，切小块，在室温下软化至用手指可轻松压出手印。

焦糖冻的制作过程（A料、B料）

1. 将 B 料中的吉利丁片放入冰水中浸泡 10 分钟至软。
2. 小锅置火上，倒入 A 料，开小火熬煮焦糖。煮的过程中不要搅拌，以免糖浆出现结晶的现象。
3. 当糖水出现较大的气泡、有些部位开始微转黄色时，轻轻晃动一下锅子，让糖水上色均匀。
4. 当整锅的糖水都变成微褐色时即可熄火，利用余热让糖水颜色继续变深。
5. 倒入 B 料中的 200 克开水，用硅胶铲迅速搅拌，直到水和糖浆充分混合均匀，如有结块，要重新开火煮一下。
6. 加入 B 料中的细砂糖，搅拌至砂糖溶化。
7. 将吉利丁片从冰水中取出，沥干，放入糖浆中，吉利片片遇热会马上熔化。
8. 用硅胶铲在锅内搅拌，直至所有材料都混合均匀。
9. 倒入 2 个模具中，约占 1/3 的高度，再将模具移入冰箱冷藏 30 分钟，至表面凝固。

Tips

1. 制作焦糖时要保持小火熬煮，不要搅拌以免糖结晶，因为一旦结晶就会引起连锁反应，整锅糖都会结晶。
2. 熬糖浆的锅子如果保温性很好（如复底锅），那么在糖浆接近褐色的时候就要熄火了，如果继续加热，锅子的余温会把焦糖煮糊，就会有苦味。
3. 煮焦糖第五步倒水的时候要注意，热糖浆遇水会溅起，很容易烫到人，要小心操作。

香草布丁的制作过程（C料）

用小刀将香草豆荚对半剖开。

用刀尖将豆荚里的香草籽刮出来。

将鲜奶倒入小锅中，加入细砂糖、香草豆荚及香草籽，用小火煮开。

煮好的鲜奶加入砂糖50克，隔冷水快速降温至常温。

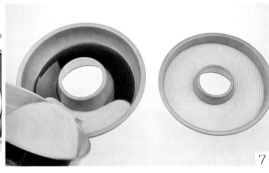

鸡蛋磕入打蛋盆中，用电动打蛋器充分搅散成蛋液，倒入冷却的鲜奶搅匀。

搅拌好的蛋奶浆用网筛过滤，即为布丁液。

将制好的布丁液倒在已凝固的焦糖冻上面，继续放入冰箱冷藏。

Tips

这个蛋糕复合了三种口味，倒各种材料入模具时要注意比例，每样材料都倒1/3。

蛋糕体的制作过程（D料）

1 拌蛋糕糊

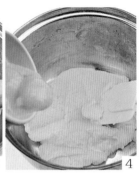

将鲜奶放入小锅中。软化好的黄油切成小块，加入鲜奶中，置小火上煮至65℃左右。

熄火，趁热加入过筛的蛋糕粉，迅速用硅胶铲搅拌，将面粉烫匀。

将烫好的面糊用橡皮刮刀拌匀，放凉至不烫手的状态。

分数次加入蛋黄，每加入一次都要用橡皮刮刀拌匀，再加入下一次。

2 打发蛋白

加入朗姆酒，用橡皮刮刀拌匀。

蛋白放打蛋盆中，分3次加入细砂糖，用电动打蛋器中速打至十分发，即提起打蛋头时顶端是短而小的尖峰。

取 1/3 的蛋白霜，拌入蛋黄面糊中。

用橡皮刮刀翻拌均匀，至看不到明显的蛋黄。

3 入模

再加入 1/3 的蛋白霜，同样用橡皮刮刀翻拌均匀。

将拌匀的面糊倒入剩下的 1/3 的蛋白霜中，用橡皮刮刀由底向上翻拌均匀，制成蛋糕糊。

冰箱取出模具，把蛋糕糊倒在布丁层的上面，蛋糕面糊比较轻，会自然地浮在布丁层上。

用橡皮刮刀将蛋糕糊表面刮平整。

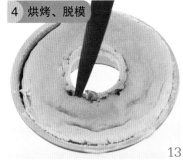  

4 烘烤、脱模

模具放烤盘中，烤盘放入预热至160℃的烤箱底层，烤盘中倒满水（水浴法），160℃上下火烤30分钟至蛋糕表面上色，用手拍拍蛋糕，手感结实即可取出。用脱模刀沿着蛋糕模具的边沿脱模。

将布丁模放入 80℃左右的温水中浸泡 1 分钟，借热水将模具边缘的布丁层软化，方便脱模。不要烫太久，以免蛋糕的布丁层都熔化。

将模具倒扣在盘上，小心地把蛋糕取出即可。

工具准备

厨房秤、28 厘米方形不粘烤盘、电动打蛋器、手动打蛋器、橡皮刮刀、打蛋盆、锯齿刀、油纸、裱花袋、圣安娜裱花嘴、脱模刀、烤箱

材料准备

蛋卷材料

A：热开水 35 克，可可粉 15 克，色拉油 38 克，蛋黄 4 颗（70 克），细砂糖 25 克，戚风蛋糕粉（或低筋面粉）45 克，泡打粉 1 克（可不加）

B：细砂糖 45 克，蛋白 4 颗（140 克）

巧克力奶油内馅材料

C：33% 牛奶巧克力 120 克，动物鲜奶油 120 克

D：动物鲜奶油 150 克，糖粉 15 克

巧克力奶油卷（分蛋打发）

猪猪小语 巧克力遇上奶油，是无比美妙的结合，只要尝过一口，你就会明白它的诱人之处……

Tips

1. 我使用的是可可脂含量 33% 的牛奶巧克力，如果你喜欢吃苦味重一些的，可以使用可可脂含量较高的黑巧克力。
2. 用可可粉制作戚风蛋容易消泡，如你是新手，建议在低筋面粉中加入泡打粉，混合过筛后一起加入蛋黄糊中，可以提高成功率。

准备工作

1. 鸡蛋从冰箱取出，分开蛋黄和蛋白，分别放入干净、无水无油的打蛋盆中。
2. 将 D 料中的动物鲜奶油提前 12 小时放入冰箱冷藏备用。

烤箱设置

预热温度	烘烤位置	烘烤温度	烘烤时间
160℃	中层	160℃上下火	25 分钟

制作关键早知道

1. 要把蛋白霜打至硬性发泡。
2. 拌面糊时动作要快。

巧克力奶油馅的制作过程

1　牛奶巧克力和动物鲜奶油（C料）放不锈钢盆中，隔50℃温水熔化。

2　边加热边用橡皮刮刀划圈搅拌，直至熔成光滑的酱状，移入冰箱冷藏20分钟。

3　取出冷藏的鲜奶油，加入糖粉（D料），用电动打蛋器中速打至九分发（参照本书p.26）。

4　加入冷藏过的巧克力酱，用电动打蛋器搅匀，移入冰箱冷藏1小时变成半凝固状态。 **Tips**

1. 打发奶油时添加了巧克力，冷却后会比一般的鲜奶油要硬一些，但还是很容易化开，所以要适时放入冰箱冷藏。
2. 做好的巧克力奶油要先冷藏至凝固再用来抹蛋糕面，否则太稀了，卷蛋糕卷时会很困难。

可可戚风卷的制作过程

1 拌蛋黄糊

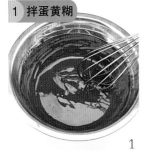

1

2

3

4

将可可粉放入碗内，冲入35克热开水，用手动打蛋器调成糊状。

蛋黄加细砂糖25克，用手动打蛋器搅匀，依次加入色拉油、调好的可可糊，每次都要搅匀。

加入过筛的戚风蛋糕粉、泡打粉，用手动打蛋器搅匀，至看不到面粉即可。

拌好的蛋黄面糊应是可流动的状态。

2 打发蛋白　　**3 拌蛋糕糊**

5

6

7

8

蛋白中分3次加入45克细砂糖，用电动打蛋器打至硬性发泡，提起打蛋头会有短而小的尖峰。

取1/3的蛋白霜，加入蛋黄面糊中，用橡皮刮刀切拌均匀，再加入1/3的蛋白霜拌匀。

拌的时候由底部向上翻拌，采用切拌的手法，直至看不到明显的蛋白霜。

再将面糊倒回到剩下的1/3蛋白霜中，继续用橡皮刮刀拌匀。

9

4 入模
10

5 烘烤
11

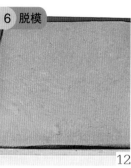
6 脱模
12

可可粉容易造成消泡，所以翻拌的动作要快，拌至看不到蛋白霜，蛋糕糊就做好了。

烤盘上铺上硅胶垫或油纸，倒入蛋糕糊，用双手晃动模具，至蛋糕糊均匀铺满模具。

模具放入预热好的烤箱中层烤网上，以 160℃ 上下火烘烤 25 分钟。

取出烤好的蛋糕，用脱模刀小心地将蛋糕与模具划开。

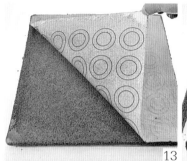
13

14

7 抹奶油面
15

在蛋糕上盖上一张比蛋糕大些的油纸，将蛋糕倒扣在油纸上，小心地掀起硅胶垫。

用锯齿刀将蛋糕四周切去约 1 厘米宽的边，表面盖上油纸，晾凉。

从冰箱取出冷藏过的巧克力奶油，取 3/4 的量，放在蛋糕上。

Tips
在抹奶油前要确定蛋糕是凉透了的，不然奶油遇热化开。

16

用蛋糕抹刀将巧克力奶油平整地抹在蛋糕上。操作的时候动作要快，不然巧克力奶油很快就化开了。

利用擀面棍将蛋糕卷起，包上油纸，移入冰箱冷藏 2 小时以定型。

Tips
卷好后一定要放入冰箱冷藏定型再切。

裱花袋装上圣安娜裱花嘴，里面装入剩余的巧克力奶油馅，在蛋糕上来回挤上花形，再装饰水果即可。

芒果奶油卷
（分蛋打发）

工具准备

厨房秤、打蛋盆、手动打蛋器、电动打蛋器、橡皮刮刀、硅胶垫、28厘米方形烤盘、脱模刀、抹刀、锯齿刀、油纸、刮板、裱花袋、擀面棍、圣安娜裱花嘴、烤箱

SN7241- 圣安娜裱花嘴
（花边花嘴）

材料准备

A：细砂糖40克，蛋白4颗（160克）

B：蛋黄4颗（75克），细砂糖10克，戚风蛋糕粉（或低筋面粉）45克，玉米淀粉15克，色拉油36克，牛奶36克

C：糖粉25克，动物鲜奶油250克，糖粉5克，动物鲜奶油30克，芒果肉120克

准备工作

1. 将鸡蛋提前从冰箱里取出，分开蛋白和蛋黄，分别放入干净的、无油无水的打蛋盆中。
2. 将B料中的玉米淀粉、戚风蛋糕粉混合，过筛。

制作关键早知道：防止蛋卷开裂

① 做蛋卷时蛋白不要打发得过硬，九分发即可。
② 烘烤的时候不要烘烤过度，以免蛋卷过干，水分流失，卷的时候容易开裂。
③ 烤好的蛋糕不要晾在空气中，表面要盖油纸保湿。
④ 卷的时候手法要轻，用力过度会把蛋卷压破。

烤箱设置

	预热温度	烘烤位置	烘烤温度	烘烤时间
	160℃	中层	160℃上下火	25分钟

制作过程

1 拌蛋黄糊

1　蛋黄盆中加入细砂糖，用手动打蛋器搅打至砂糖溶化（B料）。

2　色拉油、牛奶倒入小盆内，用手动打蛋器搅打至乳化状态（B料）。

3　将搅好的色拉油牛奶倒入打散的蛋黄中，用手动打蛋器搅匀。

4　将筛过的粉类加入到蛋黄液中。

2 打发蛋白

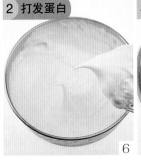

3 拌蛋糕糊

5　用手动打蛋器搅拌均匀，提起打蛋器时面糊应可顺畅地流下，蛋黄面糊就做好了。

6　参照本书 p.22 蛋白的打发方法，分 3 次往蛋白盆中加入细砂糖，打至九分发。用手动打蛋器测试，蛋白呈弯勾状（A料）。

7　取 1/3 蛋白霜加入蛋黄面糊中，用橡皮刮刀翻拌均匀。

8　再加入 1/3 蛋白霜，翻拌均匀至看不到蛋白霜。

4 入模

9　将步骤 9 拌好的面糊倒回剩下的蛋白霜中，用切拌、翻拌的手法，将盆底的面糊翻上来。

10　充分翻拌均匀，蛋糕糊就做好了。

11　烤盘上铺上硅胶垫或油纸，倒入蛋糕糊。

12　用刮板将蛋糕糊刮平整，双手捧起烤盘，距桌面 10 厘米的高度松手使烤盘落下，反复 2 次以震去大气泡。

5 烘烤 13

6 脱模 14

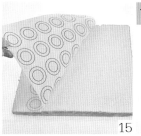
15

7 打发鲜奶油 16

烤盘放入预热好的烤箱中层，以 160℃上下火烘烤 25 分钟。

取出烤好的蛋糕，用脱模刀将四边粘在烤盘上的蛋糕划开。

将烤盘倒扣在一张较大的油纸上，小心地掀去硅胶垫（或油纸），再盖上一张油纸，等蛋糕冷却。

动物鲜奶油 250 克加糖粉 25 克，用电动打蛋器搅打至十分发，成固体状态（C 料）。

Tips

烤好的蛋卷表面呈金黄色，用手轻拍不粘手。如果粘手或上色不够深，可以再单开上火 150℃烘烤 1~2 分钟。

8 抹奶油面

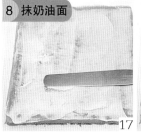
17

18

9 铺水果

19

20

用抹刀将打发好的鲜奶油在蛋糕上薄薄地涂抹一层。

剩余鲜奶油装入裱花袋中，裱花袋尖端剪小口，在蛋糕边上挤一条鲜奶油。

Tips

芒果肉切成小丁，平铺在挤好的奶油上。

在芒果丁上用裱花袋挤一层奶油，再用抹刀抹平盖住芒果丁。

鲜奶油要打发得硬一点，卷的时候比较容易定型。涂抹奶油前要确定蛋糕已完全冷却，因为奶油遇热就会化开。夏季室温很高，可将蛋糕移入冰箱冷藏 20 分钟，用手指按一下，感觉奶油变硬后再卷。

10 卷制

21

22

11 冷藏定型

23

12 装饰

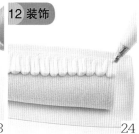
24

将蛋糕旋转 90℃，用擀面棍将油纸卷起，顺势将蛋糕卷起。

卷的时候一边把油纸卷入擀面棍，一边将蛋糕推成卷状。

蛋糕卷成筒后把擀面棍取出，用油纸包住蛋糕，放冰箱冷藏 4 小时后用手捏捏蛋糕，确定里面的奶油凝固结实了才可以取出，用锯齿刀将两端切去。

将 C 料中的动物鲜奶油 30 克和糖粉 5 克放盆中，用电动打蛋器打至十分发，装入安装了圣安娜裱花嘴的裱花袋中，在蛋糕上如图画上纹路，表面摆上芒果肉和薄荷叶装饰即可。

水果裸蛋糕
（分蛋打发）

工具准备

厨房秤、分蛋器、打蛋盆、面粉筛、手动打蛋器、电动打蛋器、橡皮刮刀、冷却架、脱模刀、蛋糕转台、蛋糕抹刀、8吋圆形蛋糕模、烤箱

UN33001- 蛋糕转台
（绿色）

准备工作

1. 戚风蛋糕粉用面粉筛筛到大盆中。
2. 将鸡蛋从冰箱里取出，分开蛋白和蛋黄，分别盛入干净的、无水无油的打蛋盆中。注意不要让蛋白中留下一丝蛋黄。
3. 动物鲜奶油提前至少半小时放入冰箱冷藏。
4. 草莓、蓝莓洗净，草莓对半切开。芒果去皮，切成小块。

材料准备 ———— 此配方可做8吋水果裸蛋糕 1 个

蛋糕材料

A：蛋白4颗（约160克），柠檬汁5滴，细砂糖60克
B：蛋黄4颗（约80克），细砂糖20克
C：戚风蛋糕粉（或低筋面粉）90克，鲜奶60克，色拉油50克

装饰材料

动物鲜奶油400克，糖粉40克，草莓300克，芒果300克，蓝莓50克

烤箱设置

Tips

所用鸡蛋一定要新鲜，不然容易失败。

	预热温度	烘烤位置	烘烤温度	烘烤时间
	150℃	底层	150℃上下火	60分钟

制作过程

1 制蛋糕糊、入模

参考本书 p.117 椰香戚风蛋糕步骤 1~7 做好戚风面糊，倒入模具中，双手捧起蛋糕模，从高处松手轻摔数下以震去气泡。

2 烘烤

模具放入提前预热好的烤盘底层，以 150℃ 上下火烤 60 分钟。

3 脱模

取出烤好的蛋糕马上轻摔两下，倒扣在烤网上，烤网下方要有空间，以便水汽散发。

待蛋糕彻底冷却，用脱模刀沿模具划一周，倒扣模具，将蛋糕压出来即可。

4 蛋糕切片

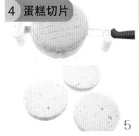

用蛋糕分层器夹住蛋糕锯齿刀两头，将蛋糕横向切成相等厚度的三片。

5 装饰

动物鲜奶油放盆中，加入糖粉，用电动打蛋器中速搅打至八分发（详见本书 p.26）。

取一片蛋糕铺在蛋糕转台上，用抹刀挖些打发好的鲜奶油放于其上。

左手转动蛋糕转台，右手平执抹刀，双手配合，把奶油抹平。

Tips

裸蛋糕上的奶油要看起来像是马上会流淌下来一般，让人感觉很有食欲，所以奶油打至八分发即可，不要过度打发，打发过度的奶油口感粗糙，不易抹开。但在夏季时奶油容易软化，就要打至九分发，较硬的状态。

摆放各种水果，尽量铺平整。

上面盖上一片蛋糕，涂鲜奶油并抹平整，再放上各种水果。最后在顶上盖一片蛋糕，抹一层奶油，摆放水果即可。

Tips

摆放水果的时候要尽量均衡，不要高低不平，不然堆叠蛋糕片的时候会倾斜。

虎皮蛋糕卷（分蛋打发）

猪猪小语 虎皮蛋卷有着老虎斑纹一样的外皮，蛋香浓郁，再加上软嫩的蛋糕体、香滑的奶油馅，不但看起来漂亮，味道也是非常之好。所以尽管已经流行很多年了，但魅力依然不减。

用"快扫"
识别图片
美食视频即刻呈现

工具准备

厨房秤、28 厘米方形烤盘、烘焙油布、硅胶垫、烘焙油纸、小号打蛋盆、中号打蛋盆、手动打蛋器、电动打蛋器、橡皮刮刀、抹刀、脱模刀、锯齿刀、刮板、擀面棍、烤箱

材料准备

蛋卷材料

A：蛋黄 4 颗，细砂糖 20 克，色拉油 40 克，鲜榨橙汁 50 克，戚风蛋糕粉（或低筋面粉）70 克，玉米淀粉 15 克

B：蛋白 4 颗，细砂糖 40 克

C：动物鲜奶油 150 克，糖粉 18 克

"虎皮"材料：蛋黄7颗（约100克），细砂糖40克，玉米淀粉25克

准备工作

1. 动物鲜奶油提前放入冰箱里，冷藏 8 个小时。

2. 玉米淀粉和戚风蛋糕粉混合，过面粉筛备用。

3. 鸡蛋分开蛋黄和蛋白，分别装在干净的、无水无油的打蛋盆内备用。

烤箱设置

预热温度	烘烤位置	烘烤温度	烘烤时间
200℃	第二层	200℃上下火	4～5分钟

"虎皮"的制作过程

制作关键早知道：制作"虎皮"起皱的关键

1. 要用高温让蛋皮快速回缩，用200~220℃烤4~6分钟是最合适的。
2. "虎皮"不能烤得太干，不然容易开裂，且会烤得很硬，没办法卷起，口感也不软嫩；但也不能太湿，不然容易粘住而破损，外型不美观。所以在烘烤"虎皮"时要经常透过烤箱门观察，一旦上色就要马上取出来。
3. 无论先烤"虎皮"还是先烤蛋糕卷，烤好后都要在双面盖上油纸保湿，否则一旦变干后再卷时蛋糕容易开裂。

1 打发蛋黄

1

蛋黄中加入细砂糖，用电动打蛋器中速搅打。

Tips

蛋黄一定要打发到位，如果打发不到位的话，"虎皮"就膨胀不起来。

2 拌蛋糕糊

2

继续打至蛋液颜色变浅，体积略膨胀，提起打蛋头时蛋液呈锻带般缓缓流下。

Tips

3 入模

3

往蛋黄糊中加入玉米淀粉，用电动打蛋器低速搅匀，至看不到淀粉颗粒即可。不要过度搅拌，以免蛋黄糊消泡。

4

在烤盘中平铺油布，把蛋黄糊倒入烤盘中。

Tips

因为"虎皮"会很粘，所以要用防粘效果最好的油布，不要用油纸，或锡纸。

5

用塑料刮板抹平蛋黄糊表面，端起烤盘震一下以消除气泡。

4 烘烤

6

烤盘放入预热至220℃的烤箱的第二层，以220℃上下火烤4~5分钟，见"虎皮"起皱并微微上色即可。

5 脱模

7

用手摸一下"虎皮"表皮，应该是不粘手的。用脱模刀在模具四周划开粘住的"虎皮"。

6 冷却

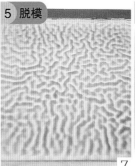

8

把"虎皮"倒扣在油纸上，小心地撕开表面的油布（"虎皮"很容易破），再盖上干净的油布，静置冷却。

烤箱设置

预热温度	烘烤位置	烘烤温度	烘烤时间
170℃	中层	170℃上下火	25 分钟

蛋卷制作过程

7 制蛋糕糊、入模

1

2

参照本书 p.138 芒果奶油卷第 1~10 步，做好蛋糕糊，倒入垫上硅胶垫的烤盘中。

双手端起烤盘，在案板上反复震几次以去除大的气泡，再用橡皮刮刀把表面抹平。

8 烘烤

3

烤盘放入预热好的烤箱中层，以 170℃上下火烤 25 分钟。

9 脱模

4

取出烤盘，用脱模刀在模具四周划开粘住的部分，把蛋糕倒扣在一张油纸上，撕去硅胶垫。

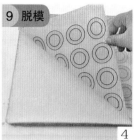

5

6

在案板上铺一张大的油纸，将"虎皮"面朝下摆放，再铺上蛋糕卷，要将上色的一面朝下。

用锯齿刀将蛋糕两边不工整的边角切除。

10 打发鲜奶油

7

动物鲜奶油加糖粉，用电动打蛋器中速打至九分发（详见本书 p.26。夏季打发要隔冰水）。

11 抹奶油面

8

打好的鲜奶油倒在蛋糕表面，用抹刀抹平整。

12 卷制

9

10

将擀面棍夹在油纸上面。

双手将蛋糕卷起，一边卷一边把油纸卷入擀面棍。

13 冷藏定型

11

卷好的蛋糕卷用油纸包好，放入冰箱内冷藏 1 小时。

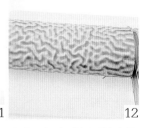

12

取出，切去头尾不整齐的部位，再切小段即可。

Tips

"虎皮"非常娇嫩，几乎是一碰就破，所以卷的时候动作一定要轻。

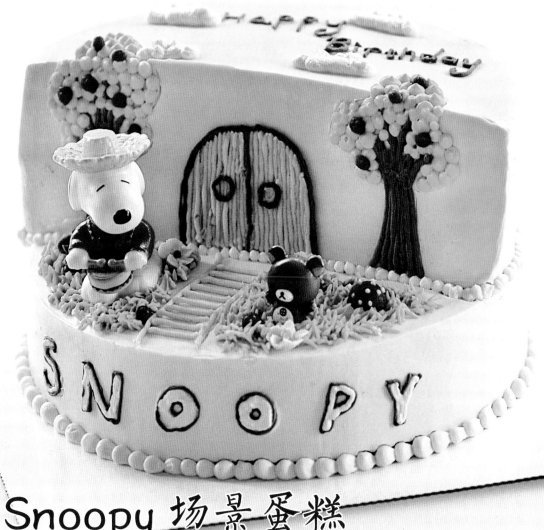

Snoopy 场景蛋糕

（装饰蛋糕）

工具准备

厨房秤、蛋糕转台、切片器、锯齿刀、打蛋盆、手动打蛋器、蛋糕抹刀、裱花袋、418-3 Wilton3 号圆口花嘴、418-233Wilton 233 号花嘴、牙签

材料准备

8吋海绵蛋糕 1 个，动物鲜奶油 400 克，糖粉 40 克，蓝、红、绿色素各少许，可可粉少许，装饰公仔 2 个

8吋海绵蛋糕（做法参照本书p.92全蛋海绵蛋糕做法）

全蛋 270 克，白砂糖 144 克，蛋糕粉（或低筋面粉）144 克，牛奶 36 克，黄油 36 克，盐 1/4 小匙

Tips

1. 场景蛋糕底座要能承重，所以最好使用海绵蛋糕来制作，戚风蛋糕则容易塌陷。

2. 因为操作时间比较长，所以必须在较低室温下进行操作，才能让奶油保持不化的状态。如果室温较高，需要打开空调制冷。

制作过程

1 蛋糕造型

1

参照本书 p.92 全蛋海绵蛋糕的做法，烤好 1 个海绵蛋糕。

2

将蛋糕切片器分别夹在锯齿刀的两端，高度为蛋糕高度的 1/3。

3

将蛋糕横切成两片，高度为 2：1。

4

将片出来的 1/3 高度的蛋糕从中间对切开。

5

将切开的蛋糕片堆叠在蛋糕上，就是场景蛋糕的底座了。

2 打发鲜奶油

6

取 200 克动物鲜奶油，加入 20 克糖粉，用手动打蛋器打至八分发，用牙签挑少许绿色色素，加入奶油中，用手动打蛋器低速充分搅匀。

3 抹奶油面

7

用蛋糕抹刀将绿色奶油抹在厚的蛋糕片上，抹平整，用两把抹刀将蛋糕从底部托起，抬到蛋糕垫上。

8

另取 100 克动物鲜奶油，加入 10 克糖粉，打至八分发，加入少许蓝色色素搅匀，在两片小蛋糕上抹平整。

Tips

移动顶部蛋糕时要小心，对齐底座边缘再轻轻放下，一旦放歪就无法再调整了。

4 装饰

9

再取 50 克动物鲜奶油，加入 10 克糖粉，打发八分发，任意抹在蛋糕表面，呈渐变效果。

10

用两把抹刀托起，移到绿色蛋糕底座上面。将剩余绿色奶油灌入装了 3 号花嘴的裱花袋中，在蛋糕上挤小圆球装饰。

11

用牙签在蛋糕上画好门和树的轮廓。取少许打发的白色奶油（步骤 11）拌入可可粉，用 3 号花嘴裱好树杆和门框。

12

将 233 号花嘴装在裱花袋上，灌入绿色奶油，在底座上裱出草地；用 3 号花嘴、黄色奶油，画上小路；3 号花嘴、红色奶油挤出果实和蘑菇。最后放装饰公仔即成。

小汽车蛋糕

（装饰蛋糕）

工具准备

厨房秤、手动打蛋器、蛋糕转盘、抹刀、锯齿刀、小号裱花袋、SN7075-5 齿花嘴 -5（小）、牙签、8 吋活底圆模、分蛋器、面粉筛、橡皮刮刀、脱模刀

材料准备

8 吋戚风蛋糕材料：

蛋白 4 颗（160 克），柠檬汁 5 滴，细砂糖 60 克；蛋黄 4 颗（80 克），细砂糖 20 克，蛋糕粉（或低筋面粉）90 克，橙汁 60 克，色拉油 50 克

其他材料：

动物鲜奶油 350 克，糖粉 35 克，红、黄、蓝色色素各少许，奥利奥饼干 4 片，70% 黑巧克力 15 克

准备工作

动物鲜奶油放入冰箱冷藏 8 小时以上。

制作过程

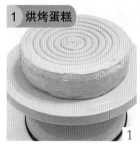

1 烘烤蛋糕

2 蛋糕切片

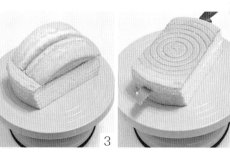

参照本书 p.116 椰香戚风蛋糕的做法，提前做好 1 个 8 吋戚风蛋糕（底层，140℃上下火烤 25 分钟；转 170℃上下火烤 25 分钟）。

戚风蛋糕晾凉，如图切开。

Tips

切的两刀分别在圆形蛋糕半径的 1/2 处。

把侧边的两块蛋糕堆在上面看看，是不是像个小汽车了？

将底部的蛋糕从中间横切开。

3 打发鲜奶油

4 抹奶油面

取 250 克动物鲜奶油放打蛋盆中，加 25 克糖粉，用手动打蛋器打至八分发。

用抹刀将打发的奶油均匀抹在底部蛋糕片上。

Tips

盖上另一片蛋糕。

剩余奶油用抹刀涂抹在蛋糕表面。

> 做抹面的动物鲜奶油不要打得过硬，只要打到八分发、还有些柔软的状态即可。

5 装饰

摆上两侧切下来的蛋糕。

用抹刀将奶油抹遍整个蛋糕体。

Tips

将黑巧克力隔 50℃温水熔化，装入裱花袋中，尖端剪个小口，如图画出轮廓。

取 100 克动物鲜奶油放打蛋盆中，加 10 克糖粉，用手动打蛋器搅打至九分发。盛出少许打发的奶油备用，剩下的加入红色素搅匀。

> 非常细的线条，可用牙签蘸些黑巧克力酱画。

> 挤花的时候为了防止手的温度造成奶油软化，可戴上手套操作。

Tips

用两把抹刀托起汽车底部，转移至蛋糕纸托上，粘上奥利奥饼干作为车轮。

裱花袋装上 SN7075 裱花嘴，装入打发的红色奶油，如图在汽车外部挤满花型。

再调少许黄色鲜奶油，挤出车窗和车灯。

最后调少许蓝色鲜奶油，挤出车牌即可。

芒果流心蛋糕

（慕斯蛋糕）

工具准备

厨房秤、15 厘米活底圆模（或圆碗）、搅拌机、10 厘米圆形切割器、锡纸、小锅、电动打蛋器、电吹风、橡皮刮刀

UN16012-20cm 圆形活动蛋糕模（双面矽利康）

材料准备

芒果流心材料：芒果泥90克，芒果粒20克，麦芽糖30克

芒果慕斯材料：芒果泥250克，动物鲜奶油250克，细砂糖50克，吉利丁片2片，清水15克，白兰地1小匙，6吋戚风蛋糕1个，大芒果2颗

制作关键早知道

1. 制作这款蛋糕可以用普通6吋活底圆模，也可以使用家中的不锈钢碗。前者更容易脱模；后者不易脱模，但做出的成品外形更漂亮。
2. 制作流心时要让它先冻成块，以便放在慕斯内馅中。做好蛋糕后，再次放入冰箱冷藏的过程中，流心就会开始软化成酱状，取出来切件时，芒果流心就会自动流淌出来。
3. 在流心中放麦芽糖的目的是增加流心的甜味，同时使流心的流动速度不会太快。如果没有麦芽糖，可以用普通砂糖代替。

制作过程

1 制芒果流心

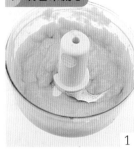

1

将芒果削去表皮，取20克果肉切成小块，其余果肉用搅拌机搅成泥状。

2

称出90克的芒果泥。手洗净，蘸凉水取30克麦芽糖。

3

将麦芽糖、90克芒果泥倒入小锅内，搅拌均匀，小火煮至麦芽糖溶化。

4

用锡纸把圆形切割器的底部包紧，倒入煮好的芒果泥，放入芒果块，移入冰箱冷冻至变硬。

2 制作慕斯馅

5

动物鲜奶油中加入细砂糖50克，用电动打蛋器中速搅打至七分发（详见本书p.26）。

6

吉利丁两片用冰水100克浸泡至软。

7

捞起吉利丁片放入碗内，加入15克清水，隔70℃温水搅拌至吉利丁片完全溶化。

8

称出250克芒果泥，与白兰地酒一起加入打发的鲜奶油中，用电动打蛋器搅匀。

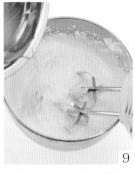

9

再加入吉利丁液，搅拌均匀。

10

拌好的慕斯馅状态。

3 蛋糕组合

11

把6吋戚风蛋糕横剖成三片，只取其中两片。

12

两片蛋糕按活底圆模（或圆碗）的尺寸裁切，直径分别等于模具底部直径和模具中部直径。

13

往圆模中倒入一层芒果慕斯馅。

14

盖上一片小的蛋糕片，使蛋糕片的四周留有空隙，让芒果慕斯能够流下去。

15

双手捧起模具摇晃，使慕斯馅铺平，再倒入一层芒果慕斯馅。

16

把冻好的芒果流心取出，连同切割器一起在热水中烫约半分钟，撕去锡纸，取出流心。

17

把流心部分放入芒果慕斯馅内。

18

倒入适量芒果慕斯馅，要留出放蛋糕片的位置，盖上大的蛋糕片。

4 冷藏定型

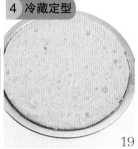

19

移入冰箱冷藏4小时以上。

5 脱模

20

把冻好的蛋糕取出，倒扣在盘子上，用电吹风沿着模边吹约 1 分钟。

Tips

根据所用模具不同，芒果慕斯馅可能不会全部用完，剩下的慕斯馅可以放入小杯中食用。

Tips

用电吹风吹模具边不要吹太久，以免把中间部位也软化了。最后可以用小抹刀轻轻在底部撬一下，帮助蛋糕脱离模具。

6 装饰

21

取下模具。

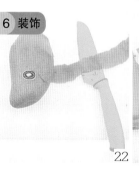

22

大芒果 2 颗用利刀削皮。

23

把芒果切成薄片。

24

将芒果片围在芒果慕斯的四周，最后在表面装饰草莓即可。

此配方可做15厘米酸奶慕斯蛋糕 1 个

酸奶慕斯蛋糕

（慕斯蛋糕）

材料准备

戚风蛋糕坯

A：蛋白3颗（约85克），细砂糖10克，蛋糕粉（或低筋面粉）55克，橙汁40克，色拉油40克

B：蛋白3颗（约100克），细砂糖40克

慕斯材料

酸奶250克，动物鲜奶油250克，吉利丁片3片，白兰地1小匙，细砂糖60克，水100克

装饰材料

白巧克力50克，天然红色素适量

准备工作

1. 酸奶提前至少半小时放入冰箱冷藏。

2. 将吉利丁片剪成3段，用清水浸泡至软，捞起控水。

工具准备

厨房秤、橡皮刮刀、15厘米蛋糕圆模、电动打蛋器、手动打蛋器、打蛋盆、抹刀、电吹风、巧克力瓦片模、心形模具

巧克力红心的制作过程

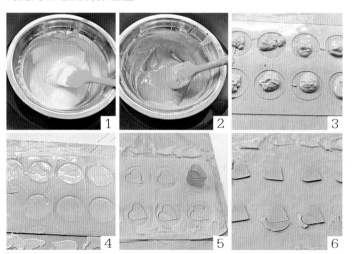

1. 白巧克力放盆中，隔45℃温水熔化，边搅拌边加热，直至化成光滑的酱状。

2. 用牙签挑一点红色素，加入到巧克力酱中，用橡皮刮刀拌匀。

3. 瓦片巧克力模铺在油布上，空格中倒入一些红色巧克力酱。

4. 用抹刀抹平整，连同底下的油布一起放入冰箱冷藏。

5. 冷藏至定型后取出，用心形模具在中间刻出心形。

6. 掀起模具，整形，将心形巧克力片再次移入冰箱冷冻备用。

蛋糕底的制作过程

1 烤蛋糕、切片

1

2

2 制酸奶慕斯

3

4

参照本书 p.117 做好戚风蛋糕坯，放入烤箱底层，以 140℃上下火烤 80~90 分钟，取出放凉，横向片成两片。

比着蛋糕模的活底，将两片蛋糕修剪成直径 10 厘米的圆形，取其中一片，放在模具底部。

取 100 克酸奶，倒入盆中，放入吉利丁片，隔 70℃左右的温水加热，边加热边搅拌，至吉利丁完全溶化。

把吉利丁酸奶倒回剩余的 150 克酸奶中，用手动打蛋器搅拌均匀。

3 打发鲜奶油

5

4 拌蛋糕糊

6

5 入模

7

8

动物鲜奶油放打蛋盆中，加细砂糖，用电动打蛋器搅打至六分发（参照本书 p.26）。

将吉利丁酸奶放入打发的动物鲜奶油中，用手动打蛋器轻轻搅匀，酸奶慕斯糊就做好了。

取 1/2 的酸奶慕斯糊，倒入垫有一块蛋糕的模具中。

双手捧模具轻晃，让慕斯馅填满蛋糕与模具间的缝隙，表面平整。

Tips

1. 如果是夏季打发鲜奶油，最好能在打蛋盆外垫一盆冰水。鲜奶油打到六分发，比酸奶略浓稠而仍有流动性即可，如果打发过度，慕斯馅就流不动了。为了控制打发程度，在打到鲜奶油体积增大 1 倍时就要改用低速搅打。
2. 做好的酸奶慕斯应是半固态的，里面充满了空气。如果你做好后是液态的，说明鲜奶油打发得不够，或者是加入了热的吉利丁液。补救措施是把酸奶慕斯移入冰箱冷藏一会儿，再取出搅拌，直到达到半固态的状态。

6 冷藏定型

9

10

7 脱模

11

8 装饰

12

在慕斯馅上铺上另一片蛋糕。

倒入剩下的酸奶慕斯糊，重复第 11 步，然后放冰箱冷藏 4 小时以上。

模具下垫高脚杯，用电吹风沿着模具边缘吹热风，将整个模具向下按，即可脱模。如果无法顺利按下，要再吹一会儿。

用抹刀从模具底部横向划过，取下模具底，把蛋糕移到盘子上，在蛋糕外侧贴上巧克力红心，表面装饰水果和薄荷。

工具准备

15 厘米活底圆模、贝壳巧克力模具、搅拌机、橡皮刮刀、剪刀、电动打蛋器、手动打蛋器、慕丝围边

此配方可做15厘米酸奶慕斯蛋糕 1 个

材料准备

A：RIO 蓝玫瑰鸡尾酒 150 克，雪碧 100 克，吉利丁片 2 片，冰水 100 克，蜂蜜 10 克

B：消化饼干90克，黄油35克

C：奶油奶酪200克，酸奶200克，细砂糖60克，朗姆酒（或白兰地）5毫升，吉利丁片2片，冰水100克，清水10克

D：白巧克力100克，饼干碎30克

Tips

奶油奶酪在冬季的时候要隔水加热一下，才容易搅散。如果是夏季，则只要提前从冰箱取出软化即可。

蓝色海洋乳酪慕斯

（慕斯蛋糕）

加朗姆酒的目的是去腥味。如果没有朗姆酒，也可以用白兰地代替，相比起来我更喜欢后者的味道。

猪猪小语

制作过程

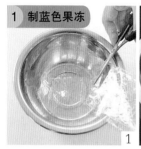

1 制蓝色果冻

1
将吉利丁片用剪刀剪成3份，浸泡在 100 克冰水中（A 料），泡软后捞起吉利丁片，倒掉浸泡的水。

2
吉利丁片放盆中，加入雪碧，隔热水边搅拌边加热，至吉利丁片完全溶化（A 料）。

3
倒入蓝玫瑰鸡尾酒和蜂蜜（A 料），混匀后移入冰箱，冷藏2小时至凝结成果冻状备用。

2 制饼干底

4
消化饼干掰成小块，用搅拌机搅成碎末，放盆中。黄油隔热水熔化成液态，倒入饼干末中，用橡皮刮刀混合均匀（B料）。

3 拌吉利丁奶酪糊

5

倒入活底圆模中，用橡皮刮刀压平整，移入冰箱冷冻 30 分钟。

6

奶油奶酪（C 料）切小块，放打蛋盆中，加细砂糖，隔热水加热 10 分钟，用电动打蛋器先低速再转中速搅打均匀。

7

加入酸奶，用电动打蛋器中速搅匀（C 料）。

8

加入朗姆酒（或白兰地），用电动打蛋器中速搅匀成奶酪糊（C 料）。

9

2 片吉利丁片用剪刀剪成 3 份，浸泡在 100 克冰水中，泡软后滗掉水，再加入清水 10 克，隔热水加热成液态（C 料）。

10

将吉利丁液倒入奶酪糊中，用电动打蛋器中速搅匀。

4 入模、冷藏定型

11

取出冻好的饼干底模具，倒入吉利丁奶酪糊，装八分满即可，移入冰箱冷藏 4 小时。

5 脱模

12

在模具下垫一个比模具圆底略小的高脚杯，用电吹风沿着模具边沿吹 1 分钟热风。

Tips

在模具边沿用电吹风吹热风不要吹得太久，不然整个蛋糕都会化掉。冬季吹的时间要长些，夏季吹的时间可短些。

6 装饰

13

向下按将模具脱模。如果按不动，说明吹得还不够，需要再吹一会儿。

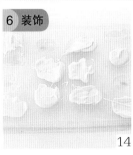

14

将白巧克力隔 45℃热水边加热边搅拌至熔化成液态（D 料），倒入贝壳巧克力模具中，用抹刀抹平整，放冰箱冷藏 20 分钟至凝固，取出脱模。

15

将冻好的果冻（过程 5）取出，用小刀任意切割成小块。

16

用慕斯围边将乳酪蛋糕围起来，上面装饰蓝色果冻，一侧撒些饼干碎（D 料），摆上巧克力贝壳即可。

工具准备

厨房秤、直径7厘米
高9厘米的玻璃杯（4
个）、打蛋盆、手动
打蛋器、电动打蛋器、
20厘米方形烤盘、油
纸、直径6厘米圆形
切割器、烤箱

此配方可做香蕉巧
克力慕斯杯 4 杯

材料准备

A: 鸡蛋2颗(100克)，
白砂糖50克，蛋糕粉
（或低筋面粉）60克，
鲜奶25克，黄油15
克

B: 70% 黑巧克力45
克，黄油23克，香蕉
180克，牛奶100克，
吉利丁1片，动物淡
奶油180克，细砂糖
40克，烤熟的核桃碎
20克

Tips

1. 香蕉要选用外皮
全部黄色、捏上
去手感不硬的，
表面带些小黑点
的更好，味道才
够香甜。

2. 我用的是20厘米
的方形烤盘，烤
好的蛋糕会比较
厚，所以要从中
间剖开。你也可
以使用28厘米
的方形烤盘，这
样烤出的蛋糕就
不会太厚了。

香蕉巧克力慕斯杯（慕斯蛋糕）

烤箱设置

	预热温度	烘烤位置	烘烤温度	烘烤时间
	160℃	中层	160℃上下火	20分钟

制作过程

1 烘烤蛋糕

1

2

2 整形

3

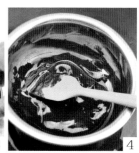
4

参照本书 p.92 全蛋海绵蛋糕步骤 1~12 做好蛋糕糊，倒入垫好油纸的烤盘中，用竹签划几下以去除大气泡。

烤盘放入预热好的烤箱中层，以 160℃上下火烤 20 分钟。

烤好的蛋糕用 6 厘米圆形切割器压出圆片蛋糕，从中间横剖成两片。

黑巧克力装入不锈钢小盆内，隔 50℃温水搅拌至化开成酱状。

5

6

7

8

用汤匙将香蕉压成细腻的泥状。

将香蕉泥加入黑巧克力酱中，用手动打蛋器搅拌均匀。

动物鲜奶油放入打蛋盆中，加入细砂糖，用手动打蛋器搅拌成半固体状（六分发，参照本书 p.26）。

把香蕉巧克力酱加入到打发的鲜奶油中，用手动打蛋器搅匀。

9

10

3 组合蛋糕

11

12

吉利丁片放入牛奶中浸泡 5 分钟，然后把牛奶盆隔热水加热，边加热边搅拌，至吉利丁完全溶化成液态。

将吉利丁奶放凉后倒入步骤 5 做好的混合物中，用手动打蛋器搅匀，至呈酸奶般浓稠的状态，慕斯馅就做好了。

将慕斯馅倒入玻璃杯中，倒 1/3 即可，在上面盖上蛋糕片，再撒几颗烤熟的核桃碎。

再倒 1 层慕斯馅，再盖 1 片蛋糕片，最后顶部加满慕斯馅即可。做好的成品要移入冰箱，冷藏 1 小时后即可食用。

Tips

溶化吉利丁片时必须不停搅拌，否则吉利丁会结成块状，影响慕斯的品质。

工具准备

厨房秤、打蛋盆、鹿背模具、锡纸、电动打蛋器、电吹风、搅拌机、橡皮刮刀、汤匙

SN6871- 鹿背蛋糕模
（不粘）

Tips

我用的鹿背模具可容纳的材料总量是590克。如果您家里没有鹿背模具，可以用方形模具来做，不过食材的量也要相应增加。教你一个计算食材量的方法：把水装入模具中，称出模具可装的水量，就是所需材料的总量了。用方形模具做好后，斜着对切就可以做出三角形的冻芝士了。

材料准备

A：奶油奶酪 250 克，牛奶 100 克

B：蛋黄 3 颗、细砂糖 70 克，动物鲜奶油 100 克，吉利丁片 2 片

C：全麦消化饼干（可自制，做法见本书 p.50）100 克

Tips

茅屋芝士的英文名是 "cottagecheese"，是一种未经完全成熟的白色软芝士，味道温和，脂肪含量比一般的芝士要低很多，只有 2%~10%，芝士味比较清淡，十分健康。茅屋芝士多用于制作蔬果沙拉，或意大利面、甜点等。不过，这款芝士在国内不容易买到，这里我采用了安佳的奶油奶酪，通过添加不同的材料，以及不同的制作方法，同样可以做出好吃又不腻的茅屋芝士蛋糕。

茅屋芝士蛋糕（芝士蛋糕）

猪猪小语 这是一款口味清爽、入口即化、嫩滑如鸡蛋羹的芝士蛋糕。外面那层金灿灿、香酥可口的饼干屑，会给人另一种惊喜。

用"快扫"识别图片美食视频即刻呈现

准备工作

1. 动物鲜奶油提前放冰箱冷藏 8 小时以上。

2. 奶油奶酪提前从冰箱取出，室温下软化，切小块。

3. 取一张长方形锡纸，裁成和模具同等长度的长方形，两边宽度要可侧包住模具。另裁两张正方形的锡纸，折成三角形，侧放在模具两侧（图 a）。

4. 消化饼干瓣成小块，放入搅拌机内，搅拌成饼干屑备用（图 b）。

a

b

制作过程

1 打发蛋黄

2 溶化吉利丁

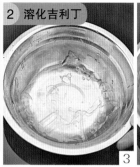

蛋黄3颗放入打蛋盆中，加入细砂糖70克，隔60℃温水搅打至色泽发白、体积膨大1倍。

牛奶放入盆中，加入奶油奶酪块，隔水加热至50℃左右，用电动打蛋器将牛奶和奶油奶酪搅打成乳膏状备用。

吉利丁片对切成两半，加50克冷水提前浸泡10分钟。

将吉利丁片沥干水分，放入盆中，隔温水熔化成液态备用。

Tips

打发蛋黄时隔热水温度不可过高，否则蛋黄液会被烫熟。

Tips

吉利丁液不要马上加入到奶酪面糊中，以免打发的鲜奶油熔化；但温度也不可降得过低，因为吉利丁遇冷易凝固，倒入乳酪面糊中会凝结成块。所以冬天要放在温水中保温，夏天则要取出放凉至常温。

3 打发鲜奶油

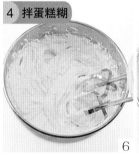

4 拌蛋糕糊

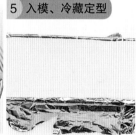

5 入模、冷藏定型

动物鲜奶油放打蛋盆中，用电动打蛋器搅打至九分发。

打好的动物鲜奶油加入步骤2中，用电动打蛋器搅打均匀。

加入打好的蛋黄液，用电动打蛋器搅打均匀。加入化开的吉利丁液，迅速用电动打蛋器搅打匀，蛋糕糊就做好了。

将蛋糕糊倒入铺好锡纸的模具中，倒满，表面盖上保鲜膜，移入冰箱冷藏4小时以上。

6 脱模

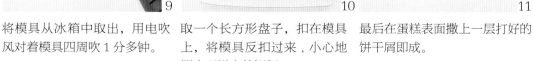

将模具从冰箱中取出，用电吹风对着模具四周吹1分多钟。

取一个长方形盘子，扣在模具上，将模具反扣过来，小心地撕去蛋糕上的锡纸。

最后在蛋糕表面撒上一层打好的饼干屑即成。

7 装饰

工具准备

厨房秤、搅拌机、电动打蛋器、小号打蛋盆、橡皮刮刀、15厘米圆形不粘活底蛋糕模、烤箱

UN30002-16cm 打蛋盆

UN16008-15cm 圆形活动蛋糕模（双面矽利康）

Tips

1. 香蕉要选表皮金黄、正好成熟的果实，香蕉味道才香浓。另外香蕉容易腐烂，所以做好的芝士蛋糕要尽快食用。

2. 我使用的是德芙牛奶巧克力，比用巧克力烘焙豆味道更香醇，巧克力味更浓郁。

3. 脱模时要先从底下把模具的活底脱出来，然后用抹刀平平地铲起整个蛋糕，如果饼干底不够平整，或者冻得不够硬的话，就很容易破碎。

香蕉巧克力芝士蛋糕

（芝士蛋糕）

材料准备 ◀ 此配方可做15厘米香蕉巧克力芝士蛋糕 1 个

饼干底材料： 奥利奥巧克力饼干 110 克（去掉夹心），黄油 35 克

蛋糕材料： 奶油奶酪 250 克，细砂糖 50 克，黄油 50 克，香蕉 120 克，柠檬汁 1 大匙，鸡蛋 50 克，玉米淀粉 10 克，咖啡酒 1 大匙，德芙牛奶巧克力块 50 克

烤箱设置

预热温度	烘烤位置	烘烤温度	烘烤时间
160℃	中下层	160℃上下火	（35+5）分钟

制作过程

1　制作饼干底

1

2

3

4

将去除夹心的奥利奥饼干掰成碎块，放入搅拌机内搅拌成碎屑。

取黄油35克切成小块，放不锈钢碗内，隔热水熔化成液态。

将奥利奥饼干碎放入碗内，淋入液体黄油，用汤匙拌匀，使饼干碎均匀粘裹上黄油。

裹好黄油的饼干碎放活底蛋糕模内，用汤匙压平，连同模具一起移入冰箱冷冻30分钟备用。

Tips

奥利奥饼干夹心是黄油加糖制成的，要把夹心刮除不要，这样搅打饼干的时候才容易整得平整。

2　打发奶油奶酪

5

6

3　拌蛋糕糊

7

8

将奶油奶酪切成小块，放入打蛋盆内，隔热水加热10分钟使其软化。

取出打蛋盆，加入细砂糖，用电动打蛋器搅打，先低速再中速，将奶油奶酪打成乳膏状。

加入鸡蛋，用电动打蛋器先低速再中速搅匀。

黄油50克切小块，隔热水熔化成液态，倒入乳酪糊中，用电动打蛋器先低速再中速搅匀。

9

10-1

10-2

4　入模

11-1

11-2

5　烘烤

12

加入咖啡酒、柠檬汁，用电动打蛋器中速搅匀。

Tips

香蕉易氧化变黑，一定要现用现切。

加入玉米淀粉，用电动打蛋器低速搅匀。香蕉切成小块，加入乳酪糊中，用电动打蛋器低速搅匀。

牛奶巧克力切小块，加入乳酪糊中，用电动打蛋器低速搅匀，倒入从冰箱冷冻室取出的放饼干底的模具中。

烤盘放入预热好的烤箱中下层，旁边放一杯清水，160℃上下火烤40分钟。烤35分钟时在表面加盖锡纸以防烤焦。

榴莲芝士蛋糕（芝士蛋糕）

猪猪小语 榴莲是一种非常有个性的水果，气味浓烈，爱之者赞其香，厌之者怨其臭。我就是一向敬而远之的。这次突破了一下，做了这个榴莲芝士蛋糕，没想到居然相当美味，我这才知道——原来榴莲放在点心里味道会变得那么诱人，口感会那么香滑！

这款蛋糕的做法是重乳酪蛋糕的做法，所以不需要打发鸡蛋。烤好的蛋糕表面仍然能晃动，这是正常的，放凉后就会凝固了。

材料准备 此配方可做6吋榴莲芝士蛋糕 1 个

饼干底材料：奥利奥饼干 90 克，黄油 35 克
蛋糕材料：奶油奶酪 250 克，鸡蛋 1 颗（50 克），动物鲜奶油 50 克，鲜奶 50 克，榴莲肉 200 克，细砂糖 50 克

工具准备

厨房秤、6 吋活底圆形蛋糕模、打蛋盆、电动打蛋器、烤箱

烤箱设置

预热温度	烘烤位置	烘烤温度	烘烤时间
160℃	中下层	160℃上下火	50 分钟

准备工作

1.动物鲜奶油提前放入冰箱冷藏。

2.将饼干掰碎，放入搅拌机内搅成粉末状（如右图）。

制作过程

1 制饼干底

1

2

3

4

将黄油放入不锈钢碗内，隔水加热至黄油熔化成液态。

将黄油液倒入饼干粉内，用汤匙充分拌匀。

倒入活底模具内，用汤匙压平整，移入冰箱冷冻20分钟。

用汤匙将榴莲肉压成泥状备用。

Tips

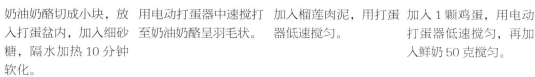
要先把榴莲表面的膜和籽去除，还有榴莲肉中的纤维也要去除，不然会影响蛋糕的口感，切件也不漂亮。

2 打发奶油奶酪

5

6

3 拌蛋糕糊

7

8

奶油奶酪切成小块，放入打蛋盆内，加入细砂糖，隔水加热10分钟软化。

用电动打蛋器中速搅打至奶油奶酪呈羽毛状。

加入榴莲肉泥，用打蛋器低速搅匀。

加入1颗鸡蛋，用电动打蛋器低速搅匀，再加入鲜奶50克搅匀。

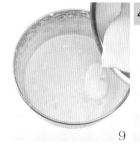
9

4 入模

10

5 烘烤

11

6 脱模

12

倒入鲜奶油，用电动打蛋器低速搅匀。

取出冷冻好的饼干底（步骤5），倒入上一步搅拌好的奶油糊，倒至模具七分满即可。

将模具放入预热好的烤箱中下层烤盘上，旁边放1杯水，以160℃上下火烤50分钟。

取出蛋糕，放冰箱冷藏4小时以上方可脱模。

蔓越莓芝士蛋糕（芝士蛋糕）

猪猪小语 我非常喜欢蔓越莓和芝士的搭配，这款蔓越莓芝士蛋糕酸酸甜甜，开胃又解腻，单位里吃过的同事都交口称赞。
我是头一回用三能的硅胶模烤芝士蛋糕，小模具不但可以节省烘烤的时间，而且携带也方便，脱模干净利索不留半点痕迹。

工具准备

8连硅胶模具（或6吋活底圆模）1个，搅拌机、电动打蛋器、打蛋盆

材料准备

此配方可做蔓越莓芝士蛋糕 8 个

饼底材料
消化饼干100克，黄油35克

蛋糕材料
奶油奶酪250克，细砂糖50克，动物鲜奶油50克，鸡蛋2颗（约100克），蔓越莓干25克

准备工作

1. 黄油提前从冰箱取出，切小块，在室温下软化至用手指可轻松压出手印。

2. 鸡蛋从冰箱里取出，在室温下回温，打散成蛋液。

3. 蔓越莓干切碎。

烤箱设置

	预热温度	烘烤位置	烘烤温度	烘烤时间
	160℃	中层	160℃上下火	30分钟

制作过程

1 制饼干底

1

2

3

4

将消化饼干掰成碎块，放入搅拌机内搅拌成碎屑。

黄油块放入不锈钢碗内，连碗一起放入60℃热水中，隔水加热至熔化成液态。

将黄油液倒入饼干屑中，用汤匙翻拌均匀，至油和饼干完全混合。

拌好的饼干屑装入模具底部，用汤匙压平整，移入冰箱冷冻20分钟。

2 打发奶油奶酪

3 拌蛋糕糊

5

6

7

8

奶油奶酪切小块，加入细砂糖，隔水加热10分钟软化。

用电动打蛋器打至松软，呈羽毛状。

加入动物鲜奶油，用电动打蛋器中速搅匀。

全蛋液分3次加入乳酪糊中，每加一次都要用电动打蛋器中速搅匀，再加入下一次。

Tips

奶油奶酪在夏天时可以放室温下软化，如果是春、秋、冬季，就需要隔热水软化，然后用打蛋器搅拌均匀，这样打好的奶油奶酪才均匀，不会有颗粒。

4 入模

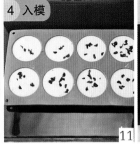

5 烘烤、脱模

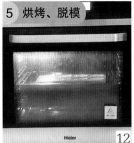

9

10

11

12

搅好的面糊是比较稀的状态。

加入切碎的蔓越莓干（要留下少许最后撒在蛋糕表面）。

取出冻好的饼干底（过程5），倒入乳酪面糊，表面撒上蔓越莓干。

Tips

蛋糕模放入装水的烤盘中，再放入已预热至160℃的烤箱中层，以160℃烤30分钟，取出冷却，放冰箱冷藏1小时后脱模即可。

用小模具烤蛋糕只需160℃烤30分钟，如是用6时活底圆模，则要160℃烤60分钟。

椰香冻芝士蛋糕

（芝士蛋糕）

工具准备

厨房秤、量匙、搅拌机、花形慕斯圈（或6吋活底圆模）、锡纸、橡皮刮刀、电动打蛋器、烤箱

材料准备　　此配方可做椰香冻芝士蛋糕　1　个

A：奥利奥饼干90克，黄油35克

B：奶油奶酪200克，细砂糖50克，动物鲜奶油50克，椰浆150克，吉利丁片2片，朗姆酒1/2小匙

> **Tips**
>
> 加入朗姆酒的目的是给吉利丁片去腥，你也可以用金奖白兰地代替。

SN3523/SN3525-6 吋梅花型圈 /8 吋梅花型圈

慕丝圈内垫一张锡纸，把底部包严实。

制作过程

1 制饼干底

将奥利奥饼干去除奶油内馅，掰碎，放入搅拌机搅成粉末状。

将黄油放入不锈钢小碗内，隔热水熔成液态，加入饼干碎末中。

用汤匙将黄油和饼干碎末拌匀，饼干底材料就做好了。

模具放入大盘子里，倒入饼干底材料，用汤匙压紧压平，放入冰箱冷冻 20 分钟。 **Tips**

使用慕斯圈制作蛋糕时底部要先铺垫锡纸，但因为锡纸很软不好移动，所以要在底部垫一个盘子，以方便移动。

2 调椰浆液

3 拌蛋糕糊

吉利丁片用冰水浸泡 10 分钟至软，捞出。

把泡软的吉利丁片放在椰浆中，隔热水搅拌加热至吉利丁片溶化。

奶油奶酪放打蛋盆中，加入细砂糖，隔热水加热 10 分钟软化。

软化的奶油奶酪用电动打蛋器先低速再中速搅匀，依次加入动物鲜奶油、椰浆、朗姆酒，用电动打蛋器低速搅匀。

4 入模

5 冷藏定型

6 脱模

将做好的蛋糕糊倒入冻好的饼干底中。

将模具移入冰箱，冷藏 4 小时。

取出模具，撕去底部的锡纸，用电吹风沿模具边缘吹 1 分钟热风。 **Tips**

模具放在高玻璃杯上，由上向下取下慕斯圈，表面装饰水果块即可。

给慕斯脱模时，要先用电吹风把模具边缘的蛋糕吹得略有些软化，边缘有少许蛋糕脱离模具即可，不要吹太长时间，不然会导致里面的蛋糕全部软化。

芝士布朗尼
（芝士蛋糕）

工具准备

橡皮刮刀、打蛋盆、手动打蛋器、电动打蛋器、竹签、裱花袋、20 厘米方形不粘烤盘

准备工作

1. 将黄油提前从冰箱中取出，切小块，在室温下软化至用手指可轻松压出手印。
2. 鸡蛋从冰箱里取出，在室温下回温。
3. 参照本书 p.20 在模具中垫油纸的方法，垫好油纸（图 a）。
4. 把核桃仁切成小颗粒，放入烤箱中以 150℃烤 10 分钟（图 b）。

a

b

猪猪小语

这款蛋糕分两次烤，第一次是烤巧克力蛋糕，直接烤就可以；第二次加入芝士层后要改用水浴法，是为了让芝士不会被烤干水分，吃起来更细滑。烤好的蛋糕一定要冷藏 4 小时后再切块，切出来形状才漂亮。

材料准备

布朗尼材料

黄油 125 克，70% 黑巧克力 100 克，33% 白巧克力 50 克，鸡蛋 1 颗（约 50 克）细砂糖 80 克，核桃 50 克，中筋面粉 110 克，玉米淀粉 35 克，泡打粉 1/2 小匙

芝士层材料

奶油奶酪 250 克，细砂糖 50 克，鸡蛋 1 个（约 50 克），动物鲜奶油 125 克

装饰材料

黑巧克力 5 克，淡奶油 5 克

烤箱设置

	预热温度	烘烤位置	烘烤温度	烘烤时间
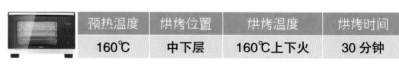	160℃	中下层	160℃上下火	30 分钟

布朗尼蛋糕的制作过程

1 制巧克力酱

1

2 拌蛋糕糊

2

3

将黑巧克力和白巧克力在小盆内混合，隔50℃温水加热，边加热边搅拌至熔成酱状，加入软化好的黄油块，搅拌至黄油熔化，呈光滑、细腻的酱状。

鸡蛋磕入打蛋盆中，加入细砂糖，用电动打蛋器搅打至砂糖溶化。

将蛋液加入熔化好的巧克力酱中，用橡皮刮刀拌匀。

3 入模

4

3 入模

5

4 烘烤

6

将中筋面粉、玉米淀粉、泡打粉混合过筛，加入巧克力酱中，用手动打蛋器搅匀。

将做好的面糊倒入模具中，表面撒上烤好的核桃碎。

模具放入预热好的烤箱中层，以170℃上下火烤10分钟后取出备用。

芝士层的制作过程

5 打发奶油奶酪

1

2

6 入模

3

7 装饰

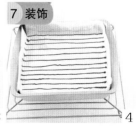

4

奶油奶酪切小块，放打蛋盆中，加入细砂糖，隔热水加热10分钟至变软。

用电动打蛋器先低速后中速搅匀，然后依次加入鸡蛋、动物鲜奶油，每次都用电动打蛋器低速搅匀，成芝士糊。

将芝士糊倒在烤好的蛋糕上，用刮板刮平整。

取5克黑巧克力和5克淡奶油，隔50℃温水熔化成酱状，装入裱花袋中，裱花袋尖端剪一个小口，在蛋糕芝士层表面横画上线条。

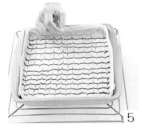

5

8 烘烤

6

再用竹签竖着拉上花纹，要画得均匀，保持相等的间隙。

把模具放入装满水的烤盘中，再放入烤箱，以160℃上下火烤30分钟，取出连同模具一起移入冰箱，冷藏4小时后取出，脱模切块。

面包制作流程

面包制作适合有一定基础的烘焙爱好者，因为面包制作比蛋糕要难，它对面筋的形成有严格的要求，发酵的温度、湿度及时间也有一定的标准。但面包没有蛋糕那么多制作方法，只要学会了基本流程，特别是掌握好发酵面团的方法，就可以制作出各式各样的花式面包了。

面包制作简易流程图

称量材料→和面→基本发酵（第一次发酵）→称重与分割→滚圆→松弛（中间发酵）→整形→最后发酵→烘烤

1. 称量材料： 如果不精确地称量材料就很容易失败，导致和出的面团要么过于湿粘，要么过于干糙无法成团。

2. 和面： 本书介绍了三种基本的面团制作方法——直接法（p.171~172）、中种法（p.173）和汤种法（p.174），和面方式介绍了手工和面（p.171~172）和厨师机和面（p.175）两种方法。

3. 基本发酵（第一次发酵）： 搓揉适度的面团，就要放入盆内，盖上保鲜膜开始发酵了。第一次发酵的最佳室温是28~30℃，发酵时间为60分钟。发酵好的面团体积会增大为原来的2.5~3倍，用手指蘸少许干面粉插入面团，凹洞不会马上回缩。发酵后的面团闻起来有面香和酒香味。

4. 称重与分割： 发酵好的面团，需要先称出总重量，再分割成大小的小份面团。这样，同一盘烤盘里的面包才会大小一致，否则烘烤时会导致小的烤煳，大的还没烤熟。

5. 滚圆： 面团经过分割后，部分面筋网状结构被破坏，内部部分气体消失，面团韧性变差。通过滚圆可以将面团滚紧，重新形成薄的表皮，包住面团内继续产生的二氧化碳气体，使面团结实、均匀而富有光泽。滚圆时不要撒干粉，且次数不宜多，三至四圈即可。

6. 松弛（中间发酵）： 面团经滚圆后，一部分气体被排出，面团弹性变弱。为了恢复面团的柔软性，重新产生气体，必须盖上保鲜膜静置10~15分钟使其松弛，即中间发酵。松弛的时间长短以面团的大小及面筋度不同而变化。大面团松弛时间较长，小面团松弛时间较短。筋度强的松弛时间较长，筋度弱的松弛时间较短。

7. 整形： 整形不仅能使制品拥有漂亮的外观，而且还可借助不同的面包样式划分面包的种类及口味。通过对面团的滚、搓、包、捏、压、挤、擀、编、折、叠、卷、剪、切、转等多种方式即可制造出各式花样的面包了。

8. 最后发酵： 为使经过整形的面团重新产生发酵气体，大多面包制品都需进行最后发酵。最后发酵的最佳温度为28~38℃，时间为20~30分钟，发酵好的面团体积会膨胀至2倍大（包馅面包为原来的1.5倍大）。

9. 烘烤： 经过三次发酵的面包终于可以入烤箱烘烤了。烘烤前必须把烤箱预热至理想的温度，通常180℃的温度要以200℃预热5分钟，然后再调至180℃烘烤。

此外，烘烤面包的位置也有讲究：薄片面包放置在烤箱上层，中等圆形面包放置在烤箱中层，吐司面包放置在烤箱底层。

1. 大面团滚圆：以双手将面团底部由外向内收拢。
2. 小面团滚圆：将手弯曲，面团放在手弯处，顺时针方向转圈，将面团滚成圆形。

面包制作基础——面团揉制

直接法 + 手工和面

　　直接法，又称一次发酵法，就是将所有制作面包的材料一次性调成面团，经过揉制到扩展阶段，然后进行发酵、整形、烘烤。这种方法制作过程简单，即使是初学者也可以轻松地完成。

　　本书采用的是后油法，也就是在面团揉和到一定程度后再加入黄油。

材料：

A：鸡蛋 30 克，细砂糖 25 克，牛奶 100 克，面包粉（或高筋面粉）160 克，低筋面粉 40 克，盐 2 克（1/2 匙），酵母粉 3 克（1/2+1/4）小匙

B：黄油 25 克

准备工作：

1. 将黄油提前从冰箱中取出，在室温下软化至用手指可轻松压出手印，切小块。
2. 鸡蛋提前从冰箱里取出，置于室温下回温，打散成蛋液。

操作过程：

1 混合材料

1

2

将材料 A 中的牛奶、鸡蛋、细砂糖、酵母粉一同放入盆内。

用圆形刮板将所有材料混匀，尽量让酵母粉溶化开。

2 揉面团

3

4

5

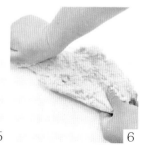

6

筛入高筋面粉和低筋面粉，撒入盐。

用圆形刮板把材料从盆底刮起，混合成团状。

将混合好的面团倒在案板上。

用双手像搓衣服一样拉长、搓揉。

7

8

9

3 加入黄油揉制

10

刚开始时面团会比较粘手，需要不时用刮板把面团从手上刮下来。

如此反复搓揉，直到面团不再粘手、表面变得光滑。

切开一小块面团，用双手慢慢展开，能形成一层较厚的薄膜，即面团开始形成筋性了。

把面团展开，加入软化好的黄油。

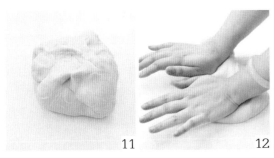

11

12

13

14

把面团包住黄油。

用手不断轻轻按压和折叠面团，使面团完全吸收黄油。

这时的面团已经具有很好的延展性了，用右手的中指、无名指、小指钩住面团的一端。

手腕反转 90°，把面团翻面。

Tips

刚加入黄油时面团会变得很稀，要继续揉，直到面团吸收完黄油后，就会变得光滑不粘手了。

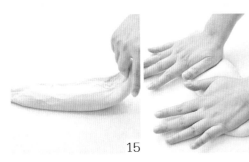

4 扩展阶段

5 完全扩展阶段

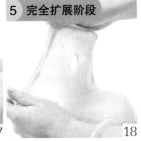

15

16

17

18

从高处将面团向案板上轻摔两下，再转 90°，继续摔打。

面团在摔打过程中会变得越来越紧致，这时要用双手将面团搓揉几下，使其变得再度松弛。

用搓揉加摔打的方式和至面团表面非常光滑。切下一块面团，用双手慢慢展开，可拉起大片薄膜，裂口处呈现锯齿形圆孔，就是达到"扩展阶段"了。这种面团适合做一般的甜面包。

继续摔打加搓揉，使面团变得更软、更有延展性，用手拉开可拉起大片薄膜，裂口为光滑的圆孔，就是达到"完全扩展阶段"了。这种面团适合做吐司面包，烤好后会有拉丝效果。

6 一次发酵

19

20

21

和好的面团表面十分光滑，可以看到有些微小的气孔。

取净盆，盆底滴几滴色拉油涂抹开，放入面团，盖上保鲜膜，在 28~30℃下进行第一次发酵（即基础发酵），时长 40~50 分钟。

当面团发酵至原体积 2~2.5 倍大时，用手指蘸些干面粉，插入面团内，插出的小孔不会立即回缩；用手指轻压一个指印，指印不回弹，则第一次发酵完成。

中种法

所谓中种法，是使用 50% 以上面粉与酵母和水等混合，调制成面团进行发酵，发酵成熟的面团作为种子面团，再与其余原料混合，制成主面团进行发酵的方法。

优点： 发酵时间长，在面团成熟的同时充分吸水分，内部湿润柔软，纹理均匀细密，发酵香味醇厚，制品体积大。烘烤后的成品保水性良好，老化速度慢。

缺点： 与直接法相比，中种法制作时间长，操作较复杂。

中种材料：

A：酵母粉 1/2 小匙，清水 50 克

B：高筋面粉 140 克，细砂糖 10 克，全蛋液 40 克

主面团材料：

C：面包粉（或高筋面粉）20 克，低筋面粉 40 克，细砂糖 40 克，细盐 2 克，奶粉 7 克，清水 35 克

D：黄油 30 克

准备工作：

1.将黄油提前从冰箱中取出，在室温下软化至用手指可轻松压出手印，切小块。

2.鸡蛋从冰箱里取出，在室温下回温，打散成蛋液。

操作过程：

1 混合中种材料

1   2   3

2 发酵中种面团

4

将材料 A 混合，静置 5 分钟至酵母完全溶化。

将材料 B 放入盆内，倒入溶化的酵母水。

用圆形刮板将所有材料混合均匀。

用手揉匀，混合成一个粗糙的面团，盖上保鲜膜进行发酵（28~30℃下发酵 35 分钟）。

5   6

3 混合主面团材料

7

4 揉制面包面团、一次发酵

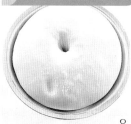

8

发酵好的中种面团应膨胀为原体积 2 倍大。

将中种面团用剪刀剪成小块。

加入材料 C 中的所有粉类混合。

团成团状，重复直接法步骤 5~21（详见本书 p.171）即可。

汤种法

汤种法是取部分面粉，加水加热至一定温度，使淀粉产生糊化，制成汤种，将其冷却后加入面粉、水、酵母等材料混合制成面包面团的方法。制作汤种可用明火加热，也可用微波炉加热。

优点： 淀粉糊化使面粉的吸水力增强，因此面包的组织柔软，具有弹性，老化也会变慢。

缺点： 制作较为复杂。

操作要点：

1. 面糊煮过后会像浆糊一样有黏性，所以加了汤种的面团会比普通面团粘手。若遇到这种情况也不要加干面粉。煮汤种时要不停地搅拌锅底，否则容易糊底。

2. 汤种因为是煮熟的面粉，已经完全变性，所以不宜往面团中加入过多，否则会影响面团出筋。

3. 一定要等汤种变凉后再加入面团中，不然会烫坏面团中的酵母。

面团材料：

A：高筋面粉 150 克，低筋面粉 50 克，奶粉 2 大匙，酵母粉（1/2+1/4）小匙，细砂糖 30 克，盐 1/4 小匙，鸡蛋 30 克，清水 40 克

B：黄油 25 克

C：汤种材料：高筋面粉 25 克，清水 100 克

准备工作：

1. 将黄油提前从冰箱中取出，在室温下软化至用手指可轻松压出手印，切小块。

2. 鸡蛋从冰箱里取出，在室温下回温，打散成蛋液。

操作过程：

1 制作汤种

将材料 C 倒入奶锅中，充分搅拌均匀至无明显面粉粒。

开小火，一边煮一边搅拌至成糊状，汤种就煮好了。

煮好的汤种盖上保鲜膜，移入冰箱冷藏 1 小时。

Tips

盖保鲜膜是为了防止水分流失。

2 揉制面包面团

称出 95 克冷却好的汤种，放入盆中，加入材料 A 中的奶粉、盐、细砂糖、鸡蛋、清水。

3 一次发酵

再加入高筋面粉、低筋面粉，表面撒上酵母粉，重复直接法中的步骤 5~21（详见本书 p.171）即可。

厨师机和面

强力推荐哦!

搅拌面包面团时，可以使用多功能厨师机来和面，更省时省力，效果还好，可谓事半功倍。

使用厨师机和面的几个要点：

1. 和面速度快，搅拌面团时会产生热量，所以夏季最好是使用冰水或冰牛奶和面。

2. 比较湿黏的面团或汤种面团容易粘缸底，要适时用硬质橡皮刮刀把底部面团刮起。

3. 用厨师机和面时加水量要比手工和面适当少5~10克，所以和面时要预留10克水，看面团的干湿程度再决定是否加水调整。

材料：

A：面包粉（或高筋面粉）160克，低筋面粉40克，细砂糖25克，鸡蛋30克，牛奶100克，奶粉7克，盐2克（1/2匙），酵母粉3克（1/2+1/4）小匙

B：黄油25克

操作过程：

1. 将黄油提前从冰箱中取出，在室温下软化至用手指可轻松压出手印，切小块。

2. 鸡蛋从冰箱取出，室温下回温，打散成蛋液。

4. 本书为了让读者看清楚材料，所以操作中没有加防护罩（防溅罩），也没有在搅拌杆上加防爬块。实际操作时记得要加防护罩和防爬块，以防面团爬杆，造成面团材料搅拌不均匀。

5. 面团的干湿度、重量、材质不同，机器的功率不同，和面的时间也不尽相同。

制作方法：

将材料A中的鸡蛋、牛奶、盐、奶粉、细砂糖一起放入厨师机自带的搅拌缸内，再倒入两种面粉，表面撒上酵母粉，将搅拌缸安装在厨师机上。 **1**

**2**

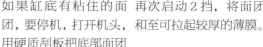

开启机器1挡，低速把所有材料搅匀，至和成团状，这时机器会自动转为2挡中速搅拌。

搅拌5分钟后，面团会和成比较粗糙的团状。 **3**

如果缸底有粘住的面团，要停机，打开机头，用硬质刮板把底部面团刮起。 **4**

再次启动2挡，将面团和至可拉起较厚的薄膜。 **5**

**6**

**7**

**8**

**9**

加入软化好的黄油。 **6**

开启1挡低速搅匀。 **7**

搅拌3分钟后机器自动转为2挡，搅拌约20分钟后拉起面团看一下，可拉开一大片薄膜即可。 **8**

刚和好的面团形状不好看，要手工在案板上摔打几下，把面团整成球形，再进行第一次发酵。 **9**

不同品牌的厨师机和面的时间不同，请根据面团的状态来调整时间。

蔓越莓乳酪面包

（直接法·手工和面）

工具准备

厨房秤、擀面棍、刮板、小刀、电动打蛋器、中号打蛋盆、烤箱

材料准备　　此配方可做蔓越莓乳酪面包　6 个

面团材料：面包粉（或高筋面粉）160克，低筋面粉38克，酵母粉3克，细砂糖35克，盐2克，奶粉7克，全蛋液25克，鲜奶95克，黄油25克

内馅材料：蔓越莓干25克，奶油奶酪125克，糖粉35克

面包粉

准备工作

1. 奶油奶酪提前从冰箱取出软化。

2. 将黄油提前从冰箱取出，在室温下软化至用手指可轻松压出手印，切小块。

3. 蔓越莓干洗净切碎。

烤箱设置

预热温度	烘焙位置	烘烤温度	烘烤时间
170℃	中层	170℃上下火	20分钟

制作过程

1 制作馅料

1

搅匀的状态

2

奶油奶酪用电动打蛋器先低速再中速搅打至松软，加入糖粉搅匀。

加入切碎的蔓越莓干搅匀即可。

2 和面、一次发酵

3

4

参照本书 p.171 直接法，和出达到扩展阶段的面团，整圆，盖保鲜膜，置于温暖处发酵。

待面团膨胀至原体积 2 倍大时，发酵完成。称出面团的总重量。

Tips

蔓越莓可以用葡萄干代替，但葡萄干通常比较干，使用前要先用朗姆酒浸泡半小时，沥干后使用。

3 分割面团、松弛

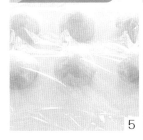

5

将面团分割成每个 60克的剂子，共 6 份，滚圆，盖上保鲜膜静置松弛 15 分钟。

4 排气、包馅料

6

用排气擀面棍把面团擀成圆饼形。取 2 茶匙内馅，放在饼皮上。

7

将饼皮向上收拢，把收口处尽量捏紧（不然烘烤时易露馅），即为面包生坯。

5 整形

8

面包生坯放在垫硅胶垫的烤盘上，用厨房专用剪如图所示剪几刀，盖保鲜膜进行二次发酵。

Tips

做这种造型，在剪完口子后进行二次发酵时切不可发过度，否则切口会粘到一块，导致看不出造型。

6 刷蛋液

9

当面包生坯膨胀至原体积 1.5 倍大小时，在表面刷上一层蛋液。

10

取小盘装满白芝麻，用擀面棍的一端蘸上少许蛋液，再滚满白芝麻。

11

将粘在擀面棍上的芝麻点在面包中心位置。

7 烘烤

12

烤盘放入预热好的烤箱中层，以 170℃上下火烘烤 20 分钟即可。

蜂蜜小面包

（直接法·手工和面）

工具准备

厨房秤、排气擀面棍、20 厘米正方形烤盘、尺子、刮板、羊毛刷、烤箱

材料准备

此配方可做蜂蜜小面包 16 个

A：面包粉（或高筋面粉）250克，清水90克，酵母粉3克，盐2.5克，奶粉7克，鸡蛋48克，蜂蜜36克，细砂糖25克，黄油25克

B：黄油15克，白芝麻20克

烤箱设置

	预热温度	烘焙位置	烘烤温度	烘烤时间
	160℃	中下层	160℃上下火	25分钟

准备工作

烤盘底部涂抹一层黄油（B料）防粘。

Tips

在烤盘上涂上厚厚的黄油，这样在烘焙的过程中会起到油煎的效果，烤好的面包底部又脆又香。

制作过程

1 和面、一次发酵	2 分割面团	3 松弛	4 排气、整形

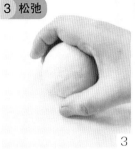 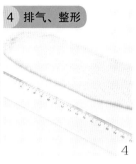

参照本书 p.171 直接和面法和好面团，整成圆形，放玻璃盆内，盖上保鲜膜，置于温暖处发酵 40~60 分钟，至面团膨胀至原体积的 2 倍，且用手指按个小坑不会迅速回弹即可。

将面团分割成每个 57 克的剂子，共 8 个。

面剂子用手滚成圆球形，盖上保鲜膜，静置松弛 15 分钟。

松弛好的圆面团用排气擀面棍擀成长约 23 厘米的椭圆形面片。

Tips

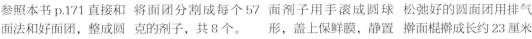

擀面团的时候要擀得长一些，达到 23 厘米为佳，这样卷的圈数才够多，而且可以避免擀得太宽，因为如果擀出来的面片过宽的话切出的面卷就会过高，会东倒西歪，不容易放稳。

右手用刮板将面片铲起，左手将面片翻面。

将面片从两侧向中间对折，中间不要留缝隙。

将面片的底部用手指压薄，再从上向下卷起。

用刮板将面卷从中间对切开。

	5 二次发酵	6 刷蛋清	7 烘烤

将白芝麻装入小碗中，放入面卷，使其底部均匀粘上一层白芝麻。

面卷整齐排放在烤盘中，盖上保鲜膜，放温暖处进行第二次发酵。

当面团发酵至 2 倍大时，用刷子在表面刷上一层蛋清液。

烤盘放入预热好的烤箱中下层，以 160℃上下火烤 25 分钟即可。

Tips

面包配料中有蜂蜜，烤制中易上色，所以表面不刷全蛋液而刷蛋清液，以增加面包的光泽，且不易烤焦。

洋葱火腿卷

（直接法·手工和面）

工具准备

厨房秤、排气擀面棍、面包纸托、刮板、中号面盆、烤箱

材料准备

内馅材料：长方形火腿1个，洋葱100克，盐1/4小匙（1.5克）黑胡椒碎1/8小匙（1克），马苏里拉芝士50克，色拉油少许

面包材料：面包粉（或高筋面粉）200克，细砂糖24克，盐3克，奶粉8克，酵母粉3克，鸡蛋25克，清水105克，黄油30克

> 此配方可做洋葱火腿卷 6 个

准备工作

1. 黄油提前从冰箱取出，切小块，在室温下软化至用手指可轻松压出手印。
2. 洋葱切成黄豆大小的颗粒状。
3. 将方形火腿切成3毫米厚的薄片，马苏里拉芝士切碎。

制作过程

Tips

如果你觉得自己刀功不好，可以购买现成切片的火腿，会更容易包。

烤箱设置

预热温度	烘焙位置	烘烤温度	烘烤时间
170℃	中层	170℃上下火	20分钟

1 制作馅料

炒锅内下少许色拉油烧热，放入切碎的洋葱，加入盐和黑胡粉碎。

Tips

黑胡椒碎要少放，以免影响成品外观。

大致翻炒均匀即可，不用把洋葱炒得太软烂。

2 和面

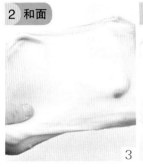

3

参照本书 p.171 用直接法和面，搓揉至可拉出较薄的薄膜。

3 一次发酵

4

面团放盆内，置温暖处进行首次发酵，发酵的最佳温度是 28~32℃，发酵时间为 60 分钟。发酵至原体积 2 倍大。

4 分割面团、松弛

5

将面团分割成 6 个每份 60 克的小面团，用手滚圆，盖上保鲜膜松弛 15 分钟。

5 排气

6

松弛好的面团用排气擀面棍擀成比火腿片略大的长方形片。

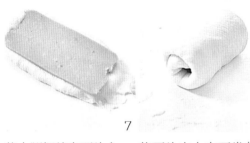

7

将火腿摆放在面片上，用手指将面片靠下的一端压薄。

8

将面片由上向下卷起，并把底部粘紧。

9

用利刀在面团的中间位置切上一刀，留少许不切断。

10

如图打开即为火腿卷生坯，放入面包纸托内。

Tips

我放面包生坯的纸托是 3 个套在一起的，因为单个纸托太单薄，烘烤时容易变形。

6 二次发酵

11

连同纸托一起摆放在烤盘上，盖上保鲜膜，进行第二次发酵，最佳发酵温度 38~40℃，发酵 20 分钟。

7 刷蛋液

12

待面团发酵至原体积 1.5 倍大，用羊毛刷在表面刷上薄薄一层的鸡蛋液。

13

在朝上的切面上撒上炒熟的洋葱碎，再铺上马苏里拉芝士。

8 烘烤

14

烤盘放入预热好的烤箱中层，以 170℃上下火烤 20 分钟即可。

香葱芝士面包 (直接法·手工和面)

不爱吃甜食就不能享受烘焙的乐趣了吗？试试这款香葱芝士面包吧——甜中带咸，加上浓浓的葱香和芝士香，**猪猪小语** 令人胃口大开~

用"快扫"识别图片美食视频即刻呈现

工具准备

厨房秤、中号玻璃碗、保鲜膜、小刀、菜板、刮板、硅胶垫、排气擀面棍、电子秤、羊毛刷、筷子、小号裱花袋、烤箱

材料准备　　此配方可做香葱芝士面包 4 个

A：面包粉（或高筋面粉）160克，低筋面粉38克，酵母粉3克，细砂糖35克，盐2克，奶粉7克，鸡蛋液25克，鲜奶95克，黄油25克

B：香葱碎10克，马苏里拉芝士15克，卡夫芝士粉5克（或盐2克），沙拉酱30克

烤箱设置

	预热温度	烘焙位置	烘烤温度	烘烤时间
	170℃	中层	170℃上下火	18~20分钟

准备工作

1. 把香葱只取葱绿部分，切碎。
2. 马苏里拉芝士切碎。
3. 沙拉酱装进小号裱花袋中备用。
4. 将黄油提前从冰箱中取出，在室温下软化至用手指可轻松压出手印，切小块。
5. 鸡蛋从冰箱里取出，在室温下回温。

制作过程

1 和面、一次发酵

1

参照本书 p.171 直接法，和好达扩展阶段的面团（A 料），置温暖处发酵至体积 2 倍大。最佳发酵温度为 28~30℃。

2 分割面团、松弛

2

将面团分割成每份 30 克，共 12 份，分别滚圆，盖上保鲜膜松弛 15 分钟。

3 排气、整形

3　　　　　　　　4

取一份面团，用排气擀面棍擀成椭圆形，用刮刀翻面，横向放置，用手指将靠下一边搓薄。

由上向下卷起。

5

粘起收口位置，成为圆柱型。

Tips

6

依次将所有的面团整成圆圆柱形，盖上保鲜膜松弛 15 分钟。

7

松弛好的面团搓成长条状，取三根，将顶部粘紧。

8

依照图片所示织成辫子形状。

面团在整成圆柱形后不要马上搓长，要静置松弛一段时间后再搓。如果搓长后很快回缩，说明松弛时间不够，还要再静置一会儿。编辫子的时候头尾部位都要粘紧，不然烘烤过程中容易散开。

4 二次发酵

9

最后将底部粘紧，摆放在烤盘上，互相之间留出一定的距离，盖上保鲜膜，置于温暖处进行第二次发酵。

5 刷蛋液

10

待面包生坯膨胀至原体积 2 倍大时，在表面刷上蛋液。

6 装饰

11

面包表面撒卡夫芝士粉、马苏里拉芝士碎、香葱碎，再挤沙拉酱。

Tips

7 烘烤

12

烤盘放入预热好的烤箱中层，以 170℃ 上下火烘烤 18~20 分钟即可。

卡夫芝士粉可以增加香气和咸味，如果没有，可以撒些细盐。

火腿肠面包

（直接法·手工和面）

工具准备

厨房秤、排气擀面棍、刮板、不粘烤盘、裱花袋、烤箱

材料准备 ◢ 此配方可做火腿肠面包 6 个

面包材料：面包粉（或高筋面粉）160克，低筋面粉40克，细砂糖20克，鸡蛋1颗（约44克），清水70克，蜂蜜12克，酵母粉2.5克，盐2.5克，黄油30克
内馅材料：葱花15克，盐1/4小匙，沙拉酱30克，火腿肠6根
其他材料：全蛋液少许

烤箱设置

预热温度	烘焙位置	烘烤温度	烘烤时间
170℃	中层	170℃上下火	20分钟

UN10006- 方形烤盘
（金色不粘）

UN00100- 厨房电子秤

制作过程

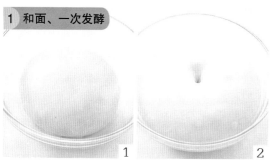

| 1 | 和面、一次发酵 | | 2 | 分割面团 | | 3 | 排气、整形 |

参照本书 p.171 直接法，和好一块达到扩展阶段的面团，整圆，放盆内，盖上保鲜膜，放于温暖处发酵。

面团发酵至原体积 2 倍大，用手指蘸少许干面粉插入面团中，洞口不马上回缩说明发酵好了。

将面团分成 6 份小面团，每个 60 克，用手滚成圆球形，盖上保鲜膜松弛 15 分钟。

取一个小面团，用排气擀面棍擀成椭圆形，右手用刮板铲起面团，左手提起面团翻面。

Tips

操作时如觉得面团粘手，可用些面粉做手粉，但需注意不要放太多，因为加入过多干粉会影响面包品质。

| 4 | 二次发酵 |

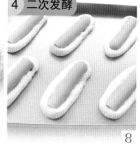

面团旋转 90° 横放，用手指将面团靠下的一侧压薄，由上向下卷起。

卷好后将底部捏紧，盖上保鲜膜松弛 10 分钟。

Tips

在把面团搓长前要给面团一些松弛的时间，不要强行把面团搓长，不然容易搓断。

用双手搓成长条，将一头按扁。火腿肠切合适长度，将面团绕火腿肠一圈，粘紧接口，即为火腿肠面包生坯。

将面包生坯整齐摆放在烤盘上，互相之间保持一定的距离，盖上保鲜膜，进行第二次发酵。

| 5 | 刷蛋液 | | 6 | 装饰 | | 7 | 烘烤 |

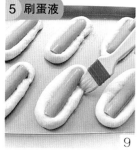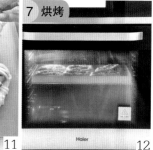

待面包生坯发酵至原体积 2 倍大时在面团表面刷上薄薄一层蛋液。

沙拉酱装入裱花袋中，尖端剪一个小口，挤在面包和火腿肠表面。

香葱取葱绿部分切碎，拌入细盐，撒在面包上。

烤盘放入预热好的烤箱中层，以 170℃上下火烘烤 20 分钟即可。

金枪鱼面包

（直接法·手工和面）

工具准备

厨房秤、量匙、羊毛刷、排气擀面棍、橡皮刮刀、烤箱

材料准备 ◀ 此配方可做金枪鱼面包 6 个

A：黄油10克，洋葱末50克，罐头金枪鱼100克，黑胡椒粉1/4小匙，盐1/8小匙，马苏里拉芝士40克

B：面包粉（或高筋面粉）150克，低筋面粉50克，细砂糖15克，盐1/4小匙，鸡蛋50克，酵母粉2.5克，牛奶70克，黄油25克，白芝麻适量

准备工作

1. 黄油提前从冰箱中取出，在室温下软化至用手指可轻松压出手印，切小块。
2. 马苏里拉芝士切碎。
3. 鸡蛋从冰箱里取出，在室温下回温，打散成蛋液。

烤箱设置

预热温度	烘焙位置	烘烤温度	烘烤时间
180℃	中层	180℃上下火	15分钟

制作过程

1 制作馅料

软化黄油块放入凉锅中，小火将黄油熔化。

加入洋葱末煸炒出香味，炒软后熄火。

加入金枪鱼、黑胡椒粉、盐，翻炒均匀。

放凉后加入马苏里拉芝士碎拌匀，分成6份备用。

Tips

芝士遇热会熔化，导致内馅结块，影响后面的操作，所以要等馅放凉后再加。

2 和面、一次发酵　　　**3 分割面团、松弛**　　　**4 排气、整形**

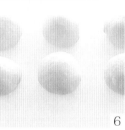

参照本书 p.171 的直接和面法，用 B 料中除白芝麻外的材料和好达到扩展阶段的面团，置于温暖处发酵至体积 2 倍大。

将面团分割成每份 60 克的剂子，共 6 份，分别滚圆，盖上保鲜膜松弛 15 分钟。

用排气擀面棍将面剂子擀成椭圆形面片，用刮刀翻面，在面片中间位置平铺 1 份内馅。

把面片调转 90°，将面片两边向上收起，捏紧收口部分。

5 刷蛋液　　　　　　　　　　　　**6 二次发酵**　　　**7 烘烤**

翻面，在面团表面刷上薄薄的全蛋液。

白芝麻平铺在盘子上，放入面团，使刷蛋液的一面粘满芝麻，面包坯就做好了。将 6 个面包坯同样做好。

将所有面包坯均匀摆放在烤盘上，互相之间保持一定的间距，盖上保鲜膜，置温暖处进行第二次发酵。

待面团发酵至原体积 2 倍大后，第二次发酵结束。烤盘放入预热好的烤箱中层，以 180℃上下火烘烤 15 分钟即可。

黑胡椒鸡腿面包（直接法·手工和面）

猪猪小语

做这道面包的灵感是来自于日本非常流行的一款鸡腿面包，不但内馅使用鸡腿肉，连外形也像鸡腿。我把它简单化了，选用了鸡腿和蘑菇来做内馅，没想到鸡腿肉做馅是那么令人惊喜，细致滑嫩、鲜美多汁，现在已跻身为我家宝宝最喜爱的一款面包。

材料准备　　此配方可做黑胡椒鸡腿面包　6 个

内馅材料：鸡腿1只，盐1/4小匙，生抽1大匙（15克），料酒5克，蘑菇100克，大蒜3瓣，色拉油15克

面包材料：面包粉（或高筋面粉）160克，低筋面粉40克，酵母粉2.5克，细砂糖25克，奶粉7克，鲜奶100克，鸡蛋30克，盐2克，黄油28克

准备工作

1. 将黄油提前从冰箱中取出，在室温下软化至用手指可轻松压出手印，切小块。
2. 鸡蛋从冰箱里取出，在室温下回温，打散成蛋液。

烤箱设置

	预热温度	烘焙位置	烘烤温度	烘烤时间
	180℃	中层	180℃上下火	15分钟

工具准备

厨房秤、排气擀面棍、羊毛刷、不粘烤盘、厨房专用剪、烤箱

Tips

1. 我买的是冷冻的洋鸡腿，个头比较大。如果是土鸡腿，就要用 2 只鸡腿。
2. 炒鸡腿的时候不要炒得过熟，因为在面包烘烤的过程中还会再次加热，炒得过熟的话再经过烤制就会过老。

制作过程

1 制作馅料

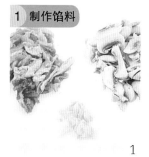

1　2　3　4

用剪刀将鸡腿去骨，取下鸡肉，切成条状。蘑菇切片，大蒜切碎。

鸡腿肉加盐、生抽、料酒拌匀，腌制20分钟。

炒锅内加入色拉油，烧至四成热，加入蒜碎炒香，颜色微微变黄，加入蘑菇，开大火煎炒至蘑菇水分收干，加少许盐调味，盛出备用。

锅洗净，重新放少许油烧热，放入腌好的鸡腿肉中火翻炒，至鸡腿变色后加入蘑菇片，翻炒均匀，等分成6份。

2 和面

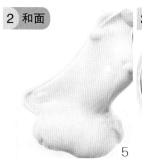

3 一次发酵

4 松弛

5 排气、整形

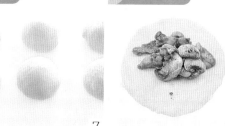

5　6　7　8

参照本书 p.171 中的直接法，和好扩展阶段的面团。

将面团整成圆形，放入盆内，盖上保鲜膜，置于温暖处发酵，至面团膨胀为2倍大。

将面团分割成每份60克的剂子，共6份，分别滚成圆形，盖上保鲜膜松弛15分钟。

用排气擀面棍将面团擀成圆形，用刮板将面团翻面，在中间平铺上内馅。

6 二次发酵

7 刷蛋液

8 烘烤

9　10　11　12

对折，将收口处捏紧，面包生坯就做好了。

将面包生坯摆放在烤盘上，互相之间保持一定的间距，盖上保鲜膜进行第二次发酵。

待面团膨胀至原体积1.5倍大，用剪刀在边缘均匀剪开小口，用羊毛刷在表面刷上薄薄的全蛋液。

烤盘放入预热好的烤箱中层，以180℃上下火烘烤15分钟即可。

豆沙花面包

（直接法·手工和面）

工具准备

厨房秤、刮板、排气擀面棍、雕刻刀（或刀片）、小抹刀、羊毛刷、烤箱

材料准备 　　此配方可做豆沙花面包 6 个

A：面包粉（或高筋面粉）160克，低筋面粉40克，酵母粉2.5克，细砂糖35克，盐2克，奶粉7克，全蛋液30克，牛奶100克，黄油25克

B：红豆沙180克

烤箱设置

	预热温度	烘焙位置	烘烤温度	烘烤时间
	170℃	中层	170℃上下火	18~20分钟

准备工作

将红豆沙称出每份30克，滚成圆球形。

制作过程

1 和面

1

参照本书 p.171，采用直接法和面，用 A 料和好达到扩展阶段的面团。

2 一次发酵
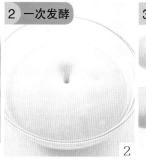

2

将面团整圆，放盆内，置温暖处（28~30℃）进行第一次发酵，发酵至体积膨胀为 2 倍大。

3 分割面团、松弛

3

将面团分割成 6 个 60 克的剂子，滚圆后盖上保鲜膜松弛 15 分钟。

4 排气、包馅

4

用排气擀面棍把面团擀成圆饼状，中间放入红豆沙馅。

5

将收口处捏紧，盖上保鲜膜松弛 10 分钟。

5 整形

6

用手按扁，用普通擀面棍擀成椭圆形。

7

用利刀在中间划开多条刀口，间隔距离要相等，要能看到豆沙但又不会割穿底下的面皮。

Tips

擀开时力道要均匀，把里面的豆沙擀得薄厚一致。

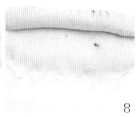

8

靠下的一边用手推薄，卷起，粘紧收口位置。

Tips

要用锋利的小刀，不然面会粘刀，刀口不齐不好看。

9

绕成圆环状，将收口处粘紧，面包坯子就做好了。

6 二次发酵

10

将面包坯子整齐排放在烤盘上，互相之间保持一定的距离，盖上保鲜膜进行第二次发酵。

7 刷蛋液

11

待面团膨胀至原体积 1.5 倍大时，在表面刷上全蛋液。

8 烘烤

12

烤盘放入预热好的烤箱中层，以 170℃上下火烘烤 18~20 分钟，至面包表面微微上色即可。

米奇沙拉面包

（直接法·手工和面）

工具准备

厨房秤、平底锅、不锈钢盆、排气擀面棍、羊毛刷、不粘烤盘、叉子、烤箱

材料准备　　此配方可做米奇沙拉面包　5 个

内馅材料： 蔬菜粒150克（胡萝卜、玉米粒、青豆各适量），火腿50克，马苏里拉芝士碎40克，盐2克，色拉油10克，沙拉酱40克

面包材料： 面包粉（或高筋面粉）160克，低筋面粉38克，酵母2.5克，细砂糖25克，盐2克，奶粉7克，鸡蛋液25克，鲜奶100克，黄油25克

烤箱设置

预热温度	烘焙位置	烘烤温度	烘烤时间
190℃	中层	190℃上下火	15分钟

准备工作

1. 将黄油提前从冰箱中取出，置于室温下软化至用手指可轻松压出手印，切小块。

2. 鸡蛋从冰箱里取出，在室温下回温，打散成蛋液。

3. 火腿切成与蔬菜粒大小相近的块状。

制作过程

1 制作馅料

1

2

3

蔬菜粒清洗净控干，放平底锅中，加水和盐，煮至沸腾。

滗去锅中水分，用小火炒至水分收干，加入色拉油翻炒几下。

加入火腿粒、沙拉酱、马苏里拉芝士碎拌匀即为内馅。

2 和面、一次发酵

4

3 分割面团、松弛

5

4 排气、整形

6

7

参照本书 p.171 直接法和好扩展阶段的面团，整圆后放盆内，放温暖处进行第一次发酵，至面团体积膨胀为 2 倍大。

发好的面团分成 40 克 5 份、20 克 5 份和 5 克 10 份，分别滚圆，盖上保鲜膜松弛 10 分钟。

取 40 克的面团放在撒少许面粉的案板上，用排气擀面棍擀成圆饼形。

Tips

搓面团时如果很快回缩，要再静置松弛一会儿。

手上蘸少许干面粉，将 20 克的面团搓成长条形。

5 刷蛋液

8

9

6 装饰

10

7 烘烤

11

将步骤 4 的面饼铺放在烤盘上，互相之间保持足够的距离，表面刷少许全蛋液。

将步骤 5 的长条围圆饼一圈，捏紧收口，用餐叉在底部均匀叉上细孔。

饼周刷少许全蛋液，5 克的面团按扁，贴在步骤 7 的造型上作耳朵，馅料平铺在圆饼内。

烤盘放入预热好的烤箱中层，以 190℃上下火烤 15 分钟即可。

Tips

1. 收口处要粘紧，不然烘烤时容易爆开。　　2. 叉些小孔的目的，是为了避免烘烤时底部隆起。

肉松面包

（直接法·手工和面）

工具准备

厨房秤、刮板、排气擀面棍、锯齿刀、小抹刀、羊毛刷、烤箱

材料准备　　　此配方可做肉松面包　6　个

A：面包粉（或高筋面粉）160克，低筋面粉40克，酵母粉2.5克，细砂糖35克，盐2克，奶粉7克，全蛋液30克，牛奶100克

B：黄油25克

C：沙拉酱100克，肉松100克

准备工作

1. 黄油提前从冰箱取出，置室温下软化至用手指可轻松压出手印，切小块。

2. 鸡蛋从冰箱里取出，在室温下回温，打散成蛋液。

烤箱设置

预热温度	烘焙位置	烘烤温度	烘烤时间
170℃	中下层	170℃上下火	20 分钟

制作过程

1 和面

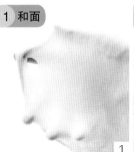

1

参照本书 p.171 直接法和好扩展阶段的面团。

2 一次发酵

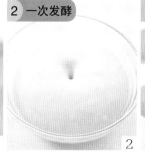

2

将面团整圆，放盆内，置温暖处（28~30℃）进行第一次发酵，发酵至体积膨胀为 2 倍大。

3 分割面团、松弛

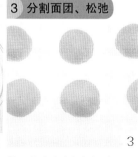

3

将面团分割成每个 60克的剂子，共 6 份，分别滚圆，盖上保鲜膜松弛 15 分钟。

4 排气、整形

4

取一份面团，用排气擀面棍擀成椭圆形面皮，顶部留少许不擀。

5

用手指将面皮靠下的一边压薄，然后从上向下卷起。

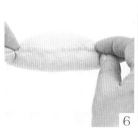

6

将卷好的卷翻面，双手将收口处捏紧（否则烘烤时会爆开）。

5 二次发酵

7

双手将面团两端搓尖，松散地摆在烤盘上，盖保鲜膜，置温暖处进行二次发酵。

6 刷蛋液

8

待面团发酵至原体积 2倍大时，在表面刷上薄薄一层全蛋液。

7 烘烤

9

烤盘放入预热好的烤箱中下层，以 170℃上下火烤 20 分钟。

8 装饰

10

面包晾至温热，用锯齿刀从中间切开，在切口中挤入少许沙拉酱。

11

再用小抹刀在面包表面涂上沙拉酱。

12

取一个盘子，装入肉松，放入面包裹上一层肉松即成。

口袋面包（直接法·手工和面）

口袋面包（PitaBread），顾名思义是形状像口袋的面包。起源于中东阿拉伯国家，是当地人的主食之一。面团经高温烘烤后，胀大成中空的飞碟状，再横向一切两半，便成为两个口袋形状的面包。中间可以塞入任何你喜欢的蔬菜或肉类，成为美味的含馅面包。

猪猪小语

材料准备 ——— 此配方可做口袋面包 10 个

面包材料：面包粉（或高筋面粉）200克，细砂糖12克，细盐2克，酵母粉2克，清水130克

内馅材料：培根10片，生菜10片，沙拉酱30克

其他材料：色拉油少许

准备工作

1. 生菜洗净，控干水分。
2. 培根片横向对半切开。

烤箱设置

预热温度	烘焙位置	烘烤温度	烘烤时间
180℃	中层	180℃上下火	12分钟

制作过程

1 和面

1

将酵母粉放入盆中，加入清水，搅拌至酵母粉化开，加入面包粉、细砂糖、细盐。

2

参照本书 p.171 中的直接法和面，将面团揉至完全扩展阶段。

2 一次发酵

3

盆内壁涂抹一薄层色拉油，放入面团，盖上保鲜膜，置于室温下（约28℃）发酵60分钟。

4

发酵至面团膨胀为原体积2倍大即可。

3 分割面团、松弛

5

将面团分割成5等份，分别滚圆，盖上保鲜膜松弛15分钟。

4 整形

6

取一份面团，用手按扁，用擀面棍将面团擀成长20厘米的长条状。

Tips

5 二次发酵

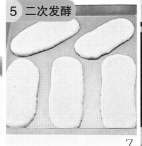

7

将擀好的面团摆放在烤盘中，互相之间要留出适当的空隙，盖上保鲜膜静置松弛30分钟。

6 烘烤

8

烤盘放入预热好的烤箱中层，以180℃上下火烤12分钟。

擀制面团过程中，如果出现擀不开、面团会回缩的现象，说明松弛时间不够，应继续静置松弛片刻。最后的成品成功与否，步骤6擀开面团的厚度控制极为重要，请严格按文字操作。

7 切分、夹料

9

烤好的面包会膨胀鼓起，像充了气一样。

10

用利刀将面包从中间对半切开。

Tips

11

平底锅烧热，放入对半切开的培根片，小火煎至两面微黄，取出。

12

将培根片、生菜塞入口袋面包中，挤入适量沙拉酱即可。

口袋面包冷却后须立即包装，以防止水分散失，影响品质；也可放入冰箱冷冻库贮存，以维持品质。

咸味吐司

（直接法·手工和面）

工具准备

厨房秤、刮刀、排气擀面棍、保鲜膜、SN2054-450g 波纹吐司盒（金色不粘）、烤箱

材料准备

吐司面包粉（或高筋面粉）250 克，奶粉 10 克，鸡蛋 30 克，清水 125 克，盐 4.5 克，细砂糖 25 克，酵母粉 2.5 克，黄油 25 克

烤箱设置

预热温度	烘焙位置	烘烤温度	烘烤时间
170℃	中下层	170℃上下火	40～45 分钟

吐司面包粉

制作过程

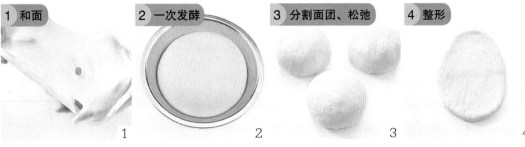

1 和面

1

参照本书 p.171，用直接法和好面团，要和至完全扩展阶段。

2 一次发酵

2

将面团整圆，放盆内，置温暖处（28~30℃）进行第一次发酵，发酵至体积膨胀为 2 倍大。

3 分割面团、松弛

3

将面团取出，分割成每份 150 克，共 3 份，分别滚圆，盖上保鲜膜松弛 15 分钟。

4 整形

4

用排气擀面棍将面团擀成椭圆形。

Tips

制作吐司的面团要求比普通面包要高，一定要和到可以拉起大片的薄膜，面团变得有些粘手，具有很好的延展性才可以，这样吐司才会有好的膨胀力。吐司对面粉的要求也很高，筋性不强的面粉是做不好的。

5

左手提起面团，右手用刮板将面团刮离案板，翻面。

6

将面团两边向中间折起，中间不要留缝隙。

5 排气

7

用排气擀面棍擀成长条状，宽度要和模具内径宽度相等。

8

将面团由上向下卷起成圆柱状。

6 二次发酵

9

将面包卷排放在吐司盒内，中间留相等的间距，盖上保鲜膜进行第二次发酵。

10

待发酵至模具八分满时推上盒盖，继续发酵10 分钟。

7 烘烤

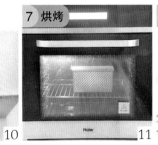

11

吐司盒放入预热好的烤箱倒数第二层烤网上，以 170℃上下火烤40~45 分钟。

8 冷却

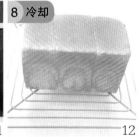

12

烤好的吐司立即从盒子里扣出来，放置在冷却架上放凉后切片即可。

Tips

1. 吐司面团的第二次发酵时间比普通面包所需时间要长 1 倍，要耐心等待。
2. 我用的是三能金波模，防粘效果好。如果你用普通模具，则需要在模具上先涂黄油防粘。
3. 烤好的吐司要立即从模具中倒出来，不能一直放在模具里，不然会反潮，面包容易回缩。

工具准备

厨房秤、量匙、橡皮刮刀、锯齿刀、筷子、小号裱花袋、不粘烤盘、烤箱

材料准备

厚片吐司2片（做法见本书 p.199 咸味吐司），黄油40克，大蒜15克，细砂糖1/2小匙，盐1/4小匙，肉松75克，沙拉酱30克

此配方可做蒜香肉松面包 4 块

准备工作

将黄油提前从冰箱中取出，在室温下软化至用手指可轻松压出手印，切小块。

蒜香肉松面包
（直接法·手工和面）

烤箱设置

预热温度	烘焙位置	烘烤温度	烘烤时间
180℃	中层	180℃上下火	10分钟

制作过程

1. 大蒜用蒜泥器压成泥，放盆中，加入软化的黄油，再加入细砂糖和盐拌匀即为蒜香奶油酱。
2. 用锯齿刀将厚片吐司对切开。在吐司中间部位切一道口子，注意不要切断。
3. 沙拉酱装入裱花袋中，挤在吐司片刀口中。
4. 用筷子夹肉松，塞在沙拉酱上。
5. 把面包块排放在烤盘上，用刮刀将蒜香奶油酱在面包表面，再挤上沙拉酱作为装饰。
6. 烤盘放入预热的烤箱中层，以180℃上下火烤10分钟，取出放凉即可。

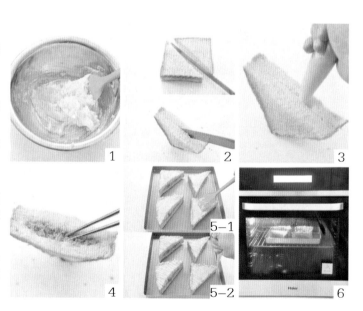

蜂蜜小丸子 （直接法·手工和面）

猪猪小语 网友建议我做一款小时候吃的那种油炸鸡腿面包，我觉得那个形状不是很好看，所以改成了小丸子的形状。酥脆的外壳，松软又充满蛋香的小丸子，让我找到了小时候的滋味。

工具准备

不粘烤盘、竹签

材料准备

面包材料：面包粉（或高筋面粉）150 克，低筋面粉 50 克，鸡蛋 50 克，鲜奶 80 克，奶粉 15 克，细砂糖 35 克，盐 2 克，黄油 25 克

辅助材料：黄油 25 克，植物油、蜂蜜、粗砂糖各适量

制作过程

1 和面

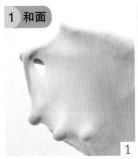

1

参照本书 p.171，用直接法和好达到完全扩展阶段面团。

2 一次发酵

2

将面团整圆，放入盆内，置于温暖处进行第一次发酵（最佳发酵温度为28~30℃）。

3

待面团发酵至2倍大时，用手指蘸面粉，插入面团内，小孔不立即回缩即表示发酵好了。

3 分割面团、整形

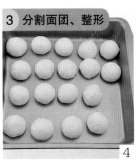

4

面团分割成18个20克的剂子。手上拍少许干面粉，把面剂子滚成圆球。

Tips

这种小面团可直接在手掌上滚圆，在案板上反而不易操作。如果觉得面团粘手，可以在手上拍些干面粉。

5

面团用竹签穿起来，每串穿4个，每两个之间要保持一定的距离。

4 二次发酵

6

穿好后摆在烤盘上，盖保鲜膜，置温暖处进行二次发酵，至面团膨胀至1.5倍大。

Tips

5 炸制

7

炒锅倒油，中火烧热，用竹筷子插入油内，看到筷子旁边会冒泡泡时即达到合适的油温了。

8

此时把面团串放入热油中，用中火炸制。

注意一定不要把面团发酵过度了，面团发酵过度会变得很软，容易从竹签上掉下来。

9

面包遇热立即膨胀，要不时用长筷子把面包串翻身，以免炸焦底部。

10

当面包串两面都炸至金黄色时即可捞起，放滤网上沥净油。

11

趁热在面包串上刷上蜂蜜，滚上粗砂糖即可。

红糖红枣面包

（直接法·厨师机和面）

准备工作

1. 黄油提前从冰箱取出，置室温下软化至用手指可轻松压出手印，切小块。
2. 用剪刀将红枣肉剪成条状，再将红枣肉和核桃仁均切成黄豆大小的碎块。
3. 红糖放碗中，加入清水 150 克，搅拌至红糖溶化。

Tips

红糖很容易结块，如果直接加入面团里会搅不均匀，所以使用前要先用热水化开。

烤箱设置

预热温度	烘焙位置	烘烤温度	烘烤时间
170℃	底层	170℃上下火	20 分钟

制作过程

1 和面

将红糖水、面包粉、白糖、鸡蛋、盐放入小号搅拌盆内，上面撒上酵母粉，再将小盆安装固定在厨师机上。用"2挡"搅拌，搅拌约10分钟后停机检查一下，应该可以拉出较厚的薄膜。

1

加入软化好的黄油，开启"1 挡"搅拌，约 2 分钟后机器会自动转"2 挡"，继续搅拌约 20 分钟，此时面团应该可以拉起薄而不易破的薄膜，即达到完全扩展阶段，面团搅拌即完成。

2

猪猪小语

香甜的红枣加上脆脆的核桃，吃起来别有一番风味。这款面包虽然是直接法制作，但放置到第二天还可以保持十分松软。

工具准备

厨房秤、不粘烤盘、羊毛刷、切面刀、日本产排气擀面棍、电子秤、多功能厨师机、烤箱

材料准备

面包粉（或高筋面粉）270 克，红糖 35 克，白糖 20 克，鸡蛋 20 克，酵母粉 3 克，盐 2 克，黄油 20 克，红枣肉 25 克，核桃仁 20 克，清水 150 克

3

加入切碎的果仁，开启"1 挡"搅拌约 1 分钟，至果仁全部裹入到面团中。

2 一次发酵

4

将面团整成圆形，放在不粘烤盘中，盖上保鲜膜。放入开启"发酵"功能的烤箱中层，发酵 40~60 分钟，至面团膨胀至 2 倍大、用手指按下去不会迅速回弹。

3 分割面团

5

发酵好的面团总重量应为 480 克左右。将面团略压扁，用切面刀均分为 9 份。

4 排气、整形

6

将称好的面团滚圆，盖上保鲜膜松弛 15 分钟，用排气擀面棍将面团擀成椭圆形。

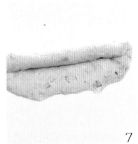

7

将擀好的面皮提起，翻面，横向摆放，用手指将面皮的一端推薄一些（以便卷起时容易粘合），将面皮由上而下卷起。

5 松弛

8

卷好的面团盖上保鲜膜，静置松弛 10 分钟，

9

捏紧收口，双手将面团搓成均匀的长条形。

10

取一根，如图环绕，将一头从中间穿过。

11

两端接到一起，粘紧。

6 二次发酵

12

将整好的面团排放在金盘上，盖上保鲜膜进行第二次发酵（需 40~60 分钟）。

7 刷蛋液

13

等到金盘里的面团发酵至 2 倍大小时，在表面刷上全蛋液。

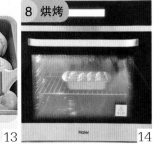

8 烘烤

14

预热好的烤箱最底层放入烤网，烤盘放在烤网上，以 170℃上下火烤 20 分钟后取出，把面包倒出晾凉即可。

猪猪小语

这款面包是有着多重口感的软质面包，一口咬下去，感受到内部柔软的组织，带着淡淡的麦香。卡仕达酱的香甜和奶味浓郁的鲜奶油，一入口就化开了，有如吃冰激凌一般的感觉，深得孩子们的喜爱。

工具准备

厨房秤、厨师机、小奶锅、过滤网、打蛋盆、打蛋器、刮板、排气擀面棍、不粘烤盘、羊毛刷、SN7092-8 齿花嘴-2（中）、裱花袋、烤箱

准备工作

1. 黄油提前从冰箱中取出，在室温下软化至用手指可轻松压出手印，切小块。

2. 鸡蛋从冰箱里取出，在室温下回温，分开蛋白和蛋黄。

制作过程

用"快扫"
识别图片
美食视频即刻呈现

鲜奶油面包

（直接法·厨师机和面）

材料准备

面包材料：面包粉（或高筋面粉）160 克，低筋面粉 40 克，酵母粉 2.5 克，细砂糖 35 克，盐 2 克，奶粉 7 克，蛋液 30 克，牛奶 100 克，黄油 25 克

内馅材料：动物鲜奶油 150 克，糖粉 15 克

卡仕达酱材料：牛奶 250 毫升，细砂糖 50 克，蛋黄 2 个，低筋面粉 25 克

烤箱设置

	预热温度	烘焙位置	烘烤温度	烘烤时间
	170℃	底层	170℃上下火	20 分钟

制作过程

1 制卡仕达酱

1

蛋黄盆中加入细砂糖，搅拌至砂糖溶化，加入一半的牛奶搅匀，筛入低筋面粉搅匀，再加入剩下的牛奶搅匀。

2

粉浆用滤网过筛，倒入锅内，开小火煮制，边煮边搅拌，煮至光滑黏稠即成卡仕达酱。

3

取出放入小碗中，盖上保鲜膜。冷却后的卡仕达酱会变得更黏稠些。

2 和面

4

5

参照本书 p.175 厨师机和面法，和好达到完全扩展阶段的面团，整成圆球状，放在烤盘内，表面盖上保鲜膜。

烤盘放入烤箱中层，开启"发酵"功能，发酵40~60分钟，至面团膨胀为原体积2倍，用手指按下不会迅速回弹。

3 分割面团、松弛

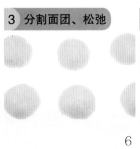
6

将面团分割成6份60克，滚成圆球形，盖上保鲜膜松弛15分钟。

4 整形

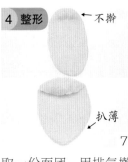
7

← 不擀

扒薄 ↘

取一份面团，用排气擀面棍擀成椭圆形，上部留下一小段不擀。将面团底部边缘用手扒薄一些，以便粘紧。

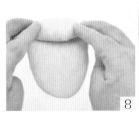
8

将面团由上向下卷起。

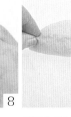
9

将面团底部朝上，用双手将底部粘紧，摆正，双手将面团搓成两头尖尖的橄榄形，成面包坯。

5 二次发酵

10

将面包坯摆放在烤盘上，中间要留出空隙。盖上保鲜膜进行二次发酵，约需20~30分钟，至体积膨胀为2倍大。

6 刷蛋液

11

发酵完成的面包坯上用羊毛刷刷上薄薄的一层鸡蛋液。

7 装饰

12

将卡仕达酱装入裱花袋中，装好 wilton7 号圆口花嘴，在面包坯表面挤上卡仕达酱。

8 烘烤

13

烤盘放入预热好的烤箱底层，以170℃上下火烤20分钟左右。

9 打发鲜奶油

14

将糖粉加入鲜奶油中，用电动打蛋器中速搅打至十分发（详见本书p.26)，打蛋头提起会有些奶油粘在打蛋头上。

Tips

10 挤馅

15

烤好的面包放至自然冷却，用面包刀将面包从中切开，留着底部不要切断。装上 SN7092 花嘴，先在面包里面挤上一些鲜奶油，再在外面挤上互相搭起来的"S"形，这样面包即完成了。

鲜奶油一次不要打发过多，按预计使用量打发就行。挤奶油前要确保面包已冷却，不然鲜奶油预热即化。

鲜奶排包

（直接法·厨师机和面）

工具准备

厨房秤、28 厘米不粘烤盘、羊毛刷、切面刀、排气擀面棍、电子秤、多功能厨师机、烤箱

材料准备

面包粉（或高筋面粉）250 克，细砂糖 45 克，酵母粉 3 克，鲜奶 80 克，鲜奶油 70 克，全蛋液 38 克，细盐 2 克，奶粉 15 克，黄油 20 克

多功能厨师机

烤箱设置

	预热温度	烘焙位置	烘烤温度	烘烤时间
	170℃	底层	170℃上下火	23 分钟

准备工作

将黄油提前从冰箱中取出，在室温下软化至用手指可轻松压出手印，切小块。

制作过程

1 和面

参照本书 p.175 厨师机和面法和好面团，将面团整成圆形，放在烤盘内，表面盖上保鲜膜。

2 一次发酵

烤箱开启"发酵"功能，将烤盘放于烤箱中层，发酵 40~60 分钟。

发酵好的面团应膨胀为原体积的 2 倍，用手指按下去不会迅速回弹。称出面团的总重量。

3 分割面团

将面团略压扁，用切面刀将面团均分为 8 份，调整使每份面团重量相等。

4 松弛

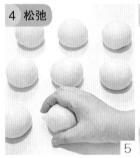

将称好的面团收口，滚圆，盖上保鲜膜松弛 15 分钟。

5 排气、整形

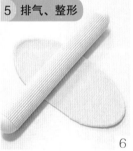

用排气擀面棍将面团擀成椭圆形面皮。

用塑料刮板将面皮刮起，用手提起，翻面。

横向摆放，在面皮的靠下的一边用手指拨开一些面团，以便卷起时容易粘合。

将面皮由上向下卷起，捏紧收口，用双手将面团搓成粗细均匀的长条。

6 二次发酵

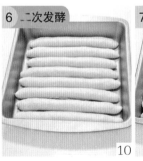

将面卷均匀地排放在烤盘上，盖上保鲜膜进行第二次发酵，需 40~60 分钟。

Tips

如果你家里使用的烤盘不是不粘的，就要事先涂上薄薄的一层黄油防粘。

7 刷蛋液

等模具里的面团发酵至原体积 1.5 倍大时，在表面刷上全蛋液。

8 烘烤

烤网放入预热好的烤箱底层，烤盘放于烤网上，以 170℃上下火烤 23 分钟。取出烤好的面包，脱模，放在烤架上晾凉即可。

桂圆核桃胚芽包

（直接法·厨师机和面）

工具准备

厨房秤、厨师机、排气擀面棍、羊毛刷、刮刀、20厘米方形不粘烤盘、烤箱

材料准备

此配方可做桂圆核桃胚芽包 9 个

A：面包粉（或高筋面粉）150克，低筋面粉50克，细砂糖40克，盐3.5克，奶粉10克，酵母粉4克，鸡蛋28克，清水138克

B：黄油38克，小麦胚芽30克

C：桂圆肉100克，核桃50克

准备工作

1. 将黄油提前从冰箱中取出，在室温下软化至用手指可轻松压出手印，切小块。

2. 将桂圆肉和核桃肉分别切成碎粒（如图）。

烤箱设置

预热温度	烘焙位置	烘烤温度	烘烤时间
165℃	中层	165℃上下火	25分钟

制作过程

1 和面

1

参照本书 p.175 厨师机和面法和面，至面团可拉出较薄的薄膜时加入小麦胚芽，继续用"1挡"搅拌至胚芽均匀裹入面团中。

2 一次发酵

2

面团放盆内，置温暖处进行第一次发酵，最佳发酵温度为28~32℃，发酵60分钟。

3

至面团发酵至原体积2倍大时，用手指蘸干面粉插入面团，摁出的小洞不立即回缩，说明发酵好了。

Tips

不要过早往面团中加入小麦胚芽，要在面团形成筋膜后再加入，以免影响面团的筋性。加入后不要揉过长时间，搅拌至胚芽均匀散在面团中即可。

3 分割面团、松弛

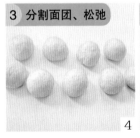
4

发酵好的面团均分成9份，用手滚圆，盖上保鲜膜静置松弛15分钟。

4 排气、整形

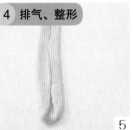
5

用排气擀面棍把面团擀成椭圆形，将面团顺长从两边向中间对折。

6

在面团上方铺上桂圆肉和核桃肉。

7

用手指将面团的一端压薄以方便粘合，然后从另一头开始卷起。

8

卷好的胚芽包坯子。

9

将面包坯平铺在烤盘上，彼此间保持合适且均等的距离（这样面团才膨胀得均匀）。

5 二次发酵、刷蛋液

10

放置在温暖的地方进行第二次发酵，待发酵至原体积2倍大时在表面刷上鸡蛋液。

6 烘烤

11

将烤盘放入预热好的烤箱中层，以165℃上下火烤25分钟即可。

可爱的毛毛虫面包

（直接法·厨师机和面）

工具准备

厨房秤、不粘烤盘、羊毛刷、切面刀、手动打蛋器、排气擀面棍、电子秤、多功能厨师机、裱花袋、7号圆形花嘴、烤箱

材料准备

面包体材料：面包粉（或高筋面粉）150克，低筋面粉38克，细砂糖45克，盐2克，酵母粉2.5克，奶粉7克，全蛋液22克，鲜奶95克，黄油20克

装饰材料：色拉油15克，黄油15克，清水29克，高筋面粉15克，全蛋液28克

此配方可做可爱的毛毛虫面包 4 个

准备工作

将黄油提前从冰箱中取出，在室温下软化至用手指可轻松压出手印，切小块。

烤箱设置

预热温度	烘焙位置	烘烤温度	烘烤时间
170℃	底层	170℃上下火	20分钟

制作过程

参照本书 p.175 用厨师机和好面团，滚圆，放盆中，盖上保鲜膜，放入开启发酵功能的烤箱中发酵 40~60 分钟，至面团膨胀为 2 倍大。

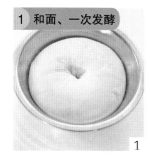

1

将面团略压扁，用切面刀均分为 4 份，收口滚圆，盖上保鲜膜静置松弛 15 分钟。

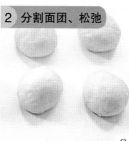

2

3 排气、整形

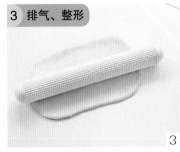

3

用排气擀面棍将面团擀成长方形，提起翻面，横向摆放。

4

用手指在靠下一侧拨开一些面团，将面团由上向下卷起，捏紧收口，用双手搓成粗细均匀的长条形，成面包生坯。

4 二次发酵

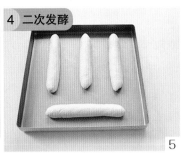

5

将面包生坯均匀排放在烤盘上，盖上保鲜膜进行第二次发酵，需时 30 分钟左右，至面团发酵至 2 倍大。

Tips

如果使用的不是不粘烤盘，就要事先在烤盘上涂上薄薄的一层黄油防粘。

5 制装饰材料

6

将色拉油、清水和软化好的黄油放入盆内，用小火煮至沸腾。

7

熄火，加入高筋面粉，迅速用筷子搅拌均匀。

8

将面团晾至约 37℃，分次加入打散的全蛋液。每次加入少许蛋液，都用手动打蛋器拌一拌。

9

如此反复将面糊搅拌成可拉起尖角的面糊。

Tips

表面装饰材料的做法和泡芙类似，要先将面粉经高温糊化，再加入蛋液搅拌成糊。煮液体时煮开后要先熄火再加面粉，不要煮太长时间，否则水分会过多蒸发。加蛋液的时候要分次少量地加，每加一次都要搅拌均匀后再加下一次。

6 刷蛋液

10

等模具里的面团发酵至原体积 2 倍大时，在表面刷上全蛋液。

7 装饰

11

裱花袋中装入 7 号圆形花嘴，将搅好的面糊装入裱花袋中，将面糊挤在发酵好并刷了蛋液的面包上。

8 烘烤

12

烤网放入预热好的烤箱最底层，烤盘放在烤网上，以 170℃上下火烤 20 分钟，取出，放在烤架上晾凉即可。

全麦葡萄干面包（直接法·厨师机和面）

全麦高筋面粉指的是用没有去掉麸皮的小麦直接磨成的高筋面粉。比起普通的高筋面粉，它的色泽要深一些，口感也较粗糙，但由于保留了麸皮中的大量维生素、矿物质和纤维素，因此营养价值更高。这款全麦面包没有用黄油，而是用了清淡的色拉油来制作，还添加了葡萄干，非常适合做……

工具准备

厨房秤、滤网、刮板、排气擀面棍、厨师机、厨房秤、不粘烤盘、烤箱

材料准备　此配方可做全麦葡萄干面包 10 个

A：全麦面包粉（或全麦高筋面粉）265克，面包粉（或高筋面粉）40克，清水128克，色拉油30克，鸡蛋48克，细砂糖40克，细盐2克，奶粉15克，酵母粉3克，蜂蜜10克

B：葡萄干100克，朗姆酒15毫升，冷开水30毫升

全麦面包粉

Tips

不同品牌的全麦粉所含麸皮比例可能会有所不同，如果含麸皮较多，就需要搭配多一些普通高筋面粉，以增强面粉的筋性。

烤箱设置

预热温度	烘焙位置	烘烤温度	烘烤时间
170℃	中下层	170℃上下火	20分钟

制作过程

1 和面

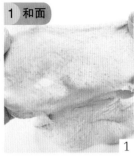

参照本书 p.175 厨师机和面法和好扩展阶段的面团，放盆内，盖上保鲜膜，置于温暖处发酵。

Tips

因为全麦粉中含有麸皮，不易起膜，所以和面时不需要刻意去追求出很薄的膜。

朗姆酒加冷开水（B料）混匀，放入葡萄干浸泡半小时，沥干。

Tips

葡萄干要泡软，泡好后彻底沥干水分，以免浸湿面团，影响面包的组织。

2 一次发酵

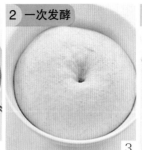

面团体积膨胀至2倍大，用手指蘸干面粉插入面团，插出的孔不马上回缩说明发酵好了。

3 分割面团

取出面团，放在案板上压扁，用刮板切割成10份，用厨房秤调整使每份的重量相等。

4 松弛

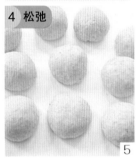

将面团滚圆，盖上保鲜膜，静置松弛15分钟。

5 排气、整形

取一个面团，用排气擀面棍擀成椭圆形面皮。

用刮板将面皮翻面，横放，用手指将靠下一边压薄，中间放葡萄干。

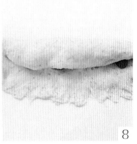

将面皮由上向下卷起。

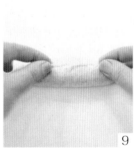

用手将收口处捏紧。

10个面团逐一做好，放不粘烤盘上，互相之间保持一定距离。用利刀在面包上割3道口子。

6 二次发酵

盖上保鲜膜，置于温暖的地方进行二次发酵，发酵至原体积的1.5倍大即可。

7 烘烤

烤盘放入预热好的烤箱中下层，以170℃上下火烤20分钟，至表面上色即可。

蜂蜜胡萝卜面包

（直接法·厨师机和面）

工具准备

厨房秤、搅拌机、厨师机、排气擀面棍、羊毛刷、不粘烤盘、烤箱

材料准备 ▶ 此配方可做蜂蜜胡萝卜面包 9 个

A：面包粉（或高筋面粉）250克，细砂糖16克，盐2.5克，奶粉7克，蜂蜜25克，蛋液30克，酵母3克，黄油35克

B：新鲜胡萝卜100克，清水30克

C：蛋清适量

烤箱设置

	预热温度	烘焙位置	烘烤温度	烘烤时间
	170℃	中下层	170℃上下火	20分钟

准备工作

1. 将黄油提前从冰箱中取出，在室温下软化至用手指可轻松压出手印，切成小块。

2. 鸡蛋从冰箱里取出，在室温下回温，打散成蛋液。

3. 胡萝卜洗净，切成片，放入搅拌机内，加入30克清水搅打成泥。

制作过程

1 和面、一次发酵

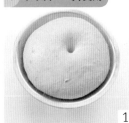

1

参照本书 p.175 厨师机和面法，把材料 A（除黄油外）放入搅拌盆，加入胡萝卜泥，搅拌至可拉出较厚的膜，再加入黄油和至扩展阶段，发酵至原体积 2 倍大，手指蘸干面粉插入面团，洞口不立即回缩即可。

2 分割面团、松弛

2

把面团分割成每份 50 克，共 9 份，盖上保鲜膜松弛 10 分钟。

3 整形

3

把小面团用手掌按扁，将上半部分向中间位置折起。

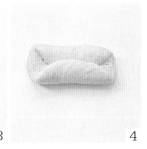

4

将下半部分向中间位置折起。

> 将面团搓成长条后，要静置足够的时间使其松弛，才能擀开。如果擀不了很长，则要继续静置松弛。若是在炎热的夏季，可把面团盖上保鲜膜，放入冰箱冷藏松弛，以防发酵过度。
>
> Tips

5

面团上下两边向中间对折，底部用手指压薄，粘紧成圆柱状。

6

用手将一端搓成尖角形。

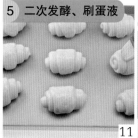

7

搓好的面团放置在烤盘上，盖上保鲜膜静置松弛 10 分钟。

4 排气

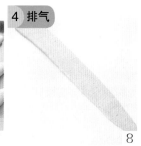

8

松弛好的面团用排气擀面棍擀成长条状。

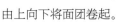

9

由上向下将面团卷起。

10

卷好的小圆筒，将收口处压在底部。

5 二次发酵、刷蛋液

11

全部如上处理好，摆放在烤盘上，中间预留空隙，盖上保鲜膜进行第二次发酵。待面团膨胀至原体积 2 倍大时，在表面刷上蛋清液。

6 烘烤

12

烤盘放入预热好的烤箱中下层，以 170℃烘烤 20 分钟即可。

蜜汁菠萝卷（中种法·手工和面）

猪猪小语 这款面包是好朋友大麦推荐给我的，酸酸甜甜的菠萝馅配上松软的面包体，深得老人和孩子的喜爱。

用"快扫"
识别图片
美食视频即刻呈现

材料准备 此配方可做蜜汁菠萝卷 8 个

馅料材料：新鲜菠萝300克，清水100克，冰糖80克

面包材料

A：酵母粉 2.5 克，清水 62 克

B：面包粉（或高筋面粉）175 克，细砂糖 12 克，全蛋液 50 克

C：面包粉（或高筋面粉）25 克，低筋面粉 50 克，细砂糖 30 克，细盐 2.5 克，奶粉 10 克，清水 43 克

D：黄油 38 克

烤箱设置

	预热温度	烘焙位置	烘烤温度	烘烤时间
	160℃	中层	160℃上下火	25 分钟

工具准备

厨房秤、排气擀面棍、刮板、不粘锅、硅胶铲、直径 8 厘米的圆形纸模、烤箱

准备工作

将黄油（D 料）提前从冰箱中取出，置于室温下软化至用手指可轻松压出手印，切小块。

217

馅料的制作过程

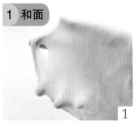

1. 菠萝去皮，切掉里面的硬心，取果肉切成小块，称出 300 克。
2. 菠萝块放入不粘锅里，加入清水、冰糖，盖上锅盖，用小火慢慢熬煮。
3. 共需煮 20~30 分钟，煮到 10 分钟之后要不断用硅胶铲搅拌锅底。
4. 一煮到水分收干，菠萝变软、稍微带些透明的时候，菠萝馅料就做好了。

Tips

1. 我喜欢使用新鲜菠萝来做馅，风味较好。新鲜菠萝的水分比较少，所以要加适量的水来延长熬煮的时间，使菠萝变软。如果您使用罐头菠萝的话，因为罐头中有大量糖水，就不需要额外加水了。
2. 煮菠萝馅最好是使用不粘锅，因为等到水分收干后，糖浆会变得很粘。

面包的制作过程

1 和面

参照本书 p.173，用中种法和好面团，揉至可拉出较薄的薄膜，放入盆中，盖上保鲜膜。

2 一次发酵

放在温暖处发酵至 2 倍大，用手指沾少许干面粉，插入面团中，空洞不会马上回缩，面团就发酵好了。

3 松弛、排气、整形

发酵好的面团用双手滚圆，放回盆中，盖保鲜膜松弛15分钟后取出，放于案板上，用排气擀面棍擀成长方形面片。

用手指将长方形面片的一个宽边压薄（这样卷起后，才能粘得牢固）。

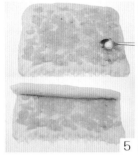
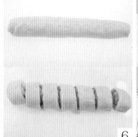

4 二次发酵
5 刷蛋液

6 烘烤

在面片上面平铺上菠萝馅，由未压薄的宽边向另一个宽边卷起。

Tips

做好的菠萝馅一定要放凉后再铺在面片上，否则会烫坏面团中的酵母。

卷成卷后将粘合处捏紧，用利刀切成 8 个均匀的小段。

Tips

切面卷的刀要够锋利，切口才漂亮。

将小段的切面朝上，摆放在纸模内，纸模要多套几层。盖上保鲜膜，放置在温暖的地方，发酵至 1.5 倍大小，在表面刷上一层薄薄的全蛋液，放于烤盘上。

烤盘放入预热好的烤箱中层，以 160℃上下火烤 25 分钟即可。

Tips

装面包的纸模一般都较薄，在烘烤时面包膨胀会使纸模变形，所以要多用几个纸模叠起来。

工具准备

厨房秤、UN29100–硅胶面团工作垫、中号打蛋盆、圆形刮板、电子秤、平板刮板、小锅、橡皮刮刀、平底锅、电陶炉、中号玻璃盆、保鲜膜、筷子、裱花袋、烤箱

材料准备

内馅材料

33% 牛奶巧克力 60 克，70% 黑巧克力 60 克，动物鲜奶油 120 克，黄油 15 克

面包材料

面包粉（或高筋面粉）210 克，低筋面粉 50 克，汤种 40 克，酵母粉 3 克，细砂糖 40 克，盐 3 克，奶粉 12 克，全蛋液 30 克，牛奶 110 克，黄油 30 克

汤种材料

高筋面粉 25 克，清水 100 克

此配方可做巧克力岩浆餐包 10 个

巧克力岩浆餐包

（汤种法·手工和面）

烤箱设置

预热温度	烘焙位置	烘烤温度	烘烤时间
170℃	中下层	170℃上下火	20 分钟

内馅的制作过程

1 将巧克力放小盆中，加入动物鲜奶油，隔 50℃温水加热。

2 边加热边搅拌，直至巧克力熔化成光滑细腻的酱状，离火，趁热加入黄油，拌至熔化即可。

正确

错误

正确方式熔化的巧克力酱，应是光滑细腻的。

温度不适宜的情况下熔化巧克力，出现了油水分离的现象。

Tips

加热巧克力的水温不可超过50℃，否则巧克力容易出现油水分离。提前做好的巧克力酱要放在温水中保温，以免凝固。如果一次吃不完，可以密封后放入冰箱冷冻，下次要使用前隔水加热熔化成酱状即可。

面包的制作过程

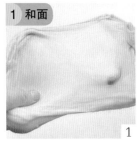

1 和面

参照本书 p.174 中汤种面团的制法，先煮好汤种放凉，再将除黄油外所有材料混合，用面包机或厨师机搅至可拉出较厚的薄膜，再加入黄油搅至完全扩展阶段。

2 一次发酵

面团放盆中，盖上保鲜膜，置于温暖处（30℃左右）发酵约1小时，至面团变成2倍大，用食指蘸少许干面粉，插入面团中，小洞不立即回缩表示发酵好了。

3 分割面团

把面团取出，整成长条形，切割成每份47克，共10份。

4 松弛

用手将面团滚圆，盖保鲜膜，静置松弛10~15分钟。筋性越强的面粉所需松弛时间越长。

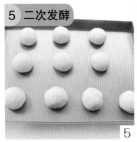

5 二次发酵

将松弛好的面团再次滚圆，排放在烤盘上，互相之间要保持较大的距离，盖上保鲜膜，进行二次发酵。

6 刷蛋液

待面团发酵至2倍大时，在表面刷上薄薄一层全蛋液。

7 烘烤

烤盘放入预热好的烤箱中下层，以170℃上下火烤20分钟。

8 注馅

用筷子在烤好的面包上插一个洞。将巧克力酱灌入裱花袋中，通过面包上扎出的孔挤入面包中。不要挤太多，不然面包会爆裂开的。

Tips

刚烤好的面包趁热填入内馅是最好吃的，如果面包冷了，可以在表面盖上锡纸，放入烤箱以100℃烤10分钟，让内馅再次熔化。

奶油爆浆餐包（汤种法·手工和面）

猪猪小语

这款餐包就是时下最流行的奶油爆浆餐包了。采用汤种法制作出超柔软的面包，咬一口会爆出一股香喷喷的奶油馅哦~经过反复试验，我终于找到自己感觉最理想的配方了，希望你也会喜欢~

用"快扫"
识别图片
美食视频即刻呈现

工具准备

硅胶面垫、电子秤、中号打蛋盆、圆形刮板、平板刮板、橡皮刮刀、中号玻璃盆、保鲜膜、裱花袋、烤箱

材料准备 ———— 此配方可做奶油爆浆餐包　10　个

爆浆内馅材料

黄油150克，炼乳100克，牛奶150克，香草精2滴，玉米淀粉5克，清水10克

面包材料

面包粉（或高筋面粉）210克，低筋面粉50克，汤种40克，酵母粉3克，细砂糖40克，盐3克，奶粉12克，全蛋液30克，牛奶110克，黄油30克

汤种材料

高筋面粉25克，清水100克

UN29100- 硅胶面团工作垫

准备工作

将黄油提前从冰箱中取出，置于室温下软化至用手指可轻松压出手印，切小块。

烤箱设置

	预热温度	烘焙位置	烘烤温度	烘烤时间
	170℃	中下层	170℃上下火	20分钟

馅料的制作过程

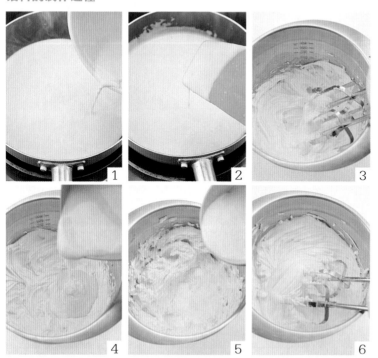

1. 玉米淀粉加清水调匀成水淀粉。牛奶倒入小奶锅中，小火煮至温热，加入水淀粉搅拌均匀。

2. 继续用小火，边煮边用硅胶铲搅拌锅底，煮至牛奶变得浓稠，盛出备用。

3. 软化好的黄油切成小块，用电动打蛋器低速搅匀。

4. 加入炼乳，用电动打蛋器搅拌均匀。

5. 分次少量加入煮至浓稠的牛奶，每加一次牛奶都要用电动打蛋器搅匀后再加下一次。

6. 加入香草精，搅打至牛奶和黄油完全融合在一起，呈乳膏的状态，内馅就做好了。

Tips

制作内馅时加入玉米淀粉，可以增加牛奶的浓稠度，此时要注意不要煮过度，如果煮过度就会变成面糊了。煮好的牛奶不要马上倒入黄油中，要等冷却后再倒入，不然会造成黄油熔化，出现油水分离。

面包的制作过程

1 注馅

参照本书 p.220 巧克力岩浆餐包中步骤 1~7 的做法，烤好小餐包。

用筷子在小餐包上插出一个孔。

做好的内馅装入裱花袋中，从面包上插出的孔中挤入内馅。不要灌的太多，不然会爆出来。

Tips

刚烤好的面包要趁热马上挤入内馅，因为内馅遇热会化开，才会有爆浆的效果。如果挤好馅的面包已经冷却，把面包表面盖上锡纸，入烤箱100℃烤10分钟至内馅熔化再取出，就可以吃到咬一口就爆浆的面包了。

焦糖香蕉派

猪猪小语 香蕉被人们称为快乐的水果，无论男女老少都喜欢它。这款焦糖香蕉派给香蕉裹上了一层焦糖的外衣，结合了香蕉的嫩滑和饼皮的酥脆，绝对会让你有惊艳的感觉。

用"快扫"
识别图片
美食视频即刻呈现

工具准备

18厘米圆形活底派盘、厨房秤、电动打蛋器、手动打蛋器、打蛋盆、面粉筛、橡皮刮刀、硅胶铲、豆子或小石子、油纸、餐叉、擀面棍、保鲜膜、烤箱

材料准备 此配方可做18厘米焦糖香蕉派 1 个

派皮材料：低筋面粉125克，泡打粉1/4小匙（1.5克），糖粉50克，黄油63克，鸡蛋25克，盐1/4小匙，香草精1/4小匙

卡仕达酱材料：牛奶250克，细砂糖50克，蛋黄3个，低筋面粉25克，黄油20克，香草豆荚1/4支

焦糖香蕉材料：砂糖80克，清水30克，黄油25克，柠檬汁10克，香蕉2根

准备工作

1. 黄油提前从冰箱取出，在室温下软化至用手指可轻松压出手印，切小块。
2. 鸡蛋提前从冷藏室取出回温，打散，称出需要的重量。
3. 低筋面粉、泡打粉过筛。

烤箱设置

预热温度	烘烤位置	烘烤温度	烘烤时间
180℃	下层	180℃上下火	（15+10）分钟

制作过程

 1 打发黄油

 1

 2

 3

 4

黄油 63 克放盆中，用电动打蛋器搅至松散。

加入糖粉 50 克、盐 1 克，用电动打蛋器先低速再转中速搅打均匀。

打至黄油色泽变白、体积膨大一倍。

分 2 次加入打散的蛋液，每次都要用电动打蛋器搅匀后再加入下一次。

 5

 **2 和面团** 6

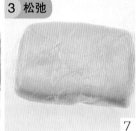 **3 松弛** 7

 8

打至黄油呈乳膏状，加入香草精，搅匀。

加入筛过的低筋面粉和泡打粉，用橡皮刮刀初步拌匀，再用双手混合至看不到面粉。

用保鲜膜包住面团，放入冰箱冷藏室，冷藏 1 小时备用。

取出冷藏过的面团，放在撒了少许干面粉的案板上，用擀面棍擀成比派盘略大的面皮，厚度约 5 毫米。

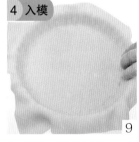 **4 入模** 9

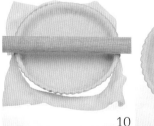 10

 11

 12

把派皮平铺在派盘上，用手指沿着派盘边把派皮按压下去。

用擀面棍在派盘上擀一遍，将多余派皮去除，用双手顺着模具按压派皮，使其更紧贴派盘。

Tips

用餐叉在派皮上均匀地刺上小孔（目的是给派皮排去多余的空气，防止烘烤时派皮隆起，也是俗称的"鼓包"）。

在派皮上铺上油纸，油纸的大小要盖过派皮的边沿，再在油纸上铺满豆子（或石子）。

烤制派皮注意事项详见本书 p.229 樱桃芝士派。

5 烘烤

13

14

6 制卡仕达酱

15

16

烤箱提前预热至180℃，派盘放入烤箱下层，以180℃上下火烘烤15分钟，取出派盘，去掉派皮内的豆子和油纸，再放回烤箱，继续以180℃烘烤10~15分钟。

至派皮表面呈金黄色时取出即可。

Tips
一定要确认派皮烤到表面都上色才好，不然派皮就不够酥脆。

将卡仕达酱材料中的蛋黄加细砂糖搅匀，加低筋面粉搅打成光滑细腻的面糊。

牛奶倒入小锅内，放入香草豆荚，开小火将牛奶煮至边沿有些微起泡但还没沸腾的状态。

17

18

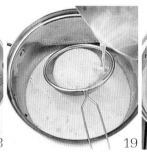
19

20

将煮好的牛奶倒入打好的蛋黄面糊中。

边倒边用手动打蛋器搅拌均匀。

用网筛过滤到另一个干净的小锅里。

小锅置火上，开小火，边煮边用硅胶铲搅拌，直至煮成较浓稠但仍会流淌的面糊（不要煮得太干），卡仕达酱就煮好了。

7 制焦糖香蕉

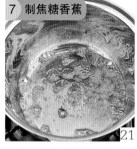
21

22

8 合成

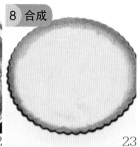
23

24

小锅内加入清水、白砂糖，用小火熬煮，至糖水变成浅褐色。

加入香蕉、黄油和柠檬汁，小火煮至香蕉均匀地裹上焦糖酱。

将烤好的派皮中装入一层卡仕达酱。

在表面加一层煮好的焦糖香蕉即可。

Tips

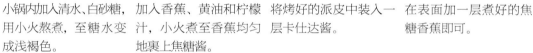
香蕉不耐煮，煮太久会过软、变小，既不好看也不好吃。

缤纷水果芝士派

猪猪小语 这款水果芝士派很适合在 Party（聚会）中使用。香酥的派底加上入口即化的芝士冻、色彩缤纷的水果，不但好看、好吃，更重要的是很容易做哦。不必用烤箱，我们就能轻松做出这款水果芝士派啦。

用"快扫"识别图片 美食视频即刻呈现

工具准备

厨房秤、18 厘米不粘活底派盘、搅拌机、橡皮刮刀、小号打蛋盆、电动打蛋器、不锈钢小碗、烤箱

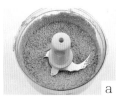

材料准备　　此配方可做18厘米缤纷水果芝士派 1 个

派底材料： 全麦消化饼干（做法见本书p.50）120克，黄油65克

内馅材料： 奶油奶酪150克，酸奶85克，动物鲜奶油150克，蜂蜜20克，细砂糖80克，吉利丁片1片，清水15克

准备工作

1. 奶油奶酪提前从冰箱取出软化。
2. 全麦饼干掰成小块，放入搅拌机内搅拌成极细的碎末（或放入食品袋中，用擀面棍擀成碎末），放入盆中（图 a）。
3. 吉利丁片剪成两半，浸入凉水中，浸泡至软（图 b）。
4. 芒果去皮、核，取果肉切成长条状。草莓洗净，对半切开（图 c）。

制作过程

1 制饼干底

1

2

3

2 打发奶油奶酪

4

黄油放入小碗中，隔热水加热至熔化成液态，倒入饼干碎屑中，用橡皮刮刀压拌，至饼干碎屑充分吸收黄油。

将拌匀的饼干碎屑倒入派盘中，用饭铲压平整。

用手稍用力按压，直到饼干屑都紧贴着派盘，然后将派盘移入冰箱冷冻30分钟备用。

奶油奶酪切小块，加入细砂糖，隔热水加热5分钟至软化。

Tips

1. 我使用的是不粘派盘，如果您使用的是普通派盘，则要在派盘上先垫一块与模具相同大小的圆形锡纸，以方便脱模。2. 饼干屑加入黄油后再经冷冻就会变得很坚固了。但是一定要按着配方的比例来做，如果黄油量不够，饼干就冻不起来了。

5

6

7

3 溶化吉利丁

8

用电动打蛋器搅打，先低速再转中速，将奶油奶酪打匀。

加入酸奶，用电动打蛋器中速搅打均匀。

分3次加入动物鲜奶油，每次都要用电动打蛋器搅匀后再加入下一次。

泡软的吉利丁片放小盆中，加入清水15克，隔温水加热至化成液态。

4 拌蛋糕糊

9

10

5 入模

11

6 装饰

12

将吉利丁溶液和蜂蜜都加入到打好的奶酪糊中。

用电动打蛋器中速搅拌，直到所有的材料混合均匀。

将冻好的派盘取出，倒入做好的奶酪糊至满模，将派盘移入冰箱冷藏2小时。

取出奶酪派底，在表面摆上水果即可。

Tips

派上面的水果可以根据自己的喜好来放，我喜欢放超多的芒果，感觉芒果和芝士馅、派皮最搭。

樱桃芝士派

工具准备

厨房秤、量匙、8吋派盘、餐叉、油纸、烘焙石子（或豆子）、打蛋盆、电动打蛋器、烤箱

准备工作

1. 奶油奶酪提前从冰箱取出软化。

2. 动物鲜奶油提前至少半小时放入冰箱冷藏。

3. 将樱桃用筷子把里面的果核戳出来（图a）。把樱桃放入碗内，加入细砂糖、朗姆酒、柠檬汁拌匀，盖上保鲜膜移入冰箱腌制2小时（图b）。

猪猪小语 鲜樱桃应市的时间很短，除了用樱桃，也可以用新鲜芒果、草莓或蓝莓装饰。不过这些水果不需提前腌制，芒果可切块后直接摆放；草莓或蓝莓摆好后可以在表面撒上糖粉，以增加甜味。

a

b

材料准备　　此配方可做8吋樱桃芝士派 1 个

派皮材料：黄油60克，盐1/4小匙，糖粉40克，全蛋25克，低筋面粉125克
芝士内馅：奶油奶酪100克，细砂糖35克，鸡蛋1颗（50克），动物鲜奶油20克
樱桃内馅：樱桃400克，细砂糖80克，朗姆酒8克，柠檬汁5克

烤箱设置

	预热温度	烘烤位置	烘烤温度	烘烤时间
	180℃	中下层	180℃上下火	（15+10）分钟

	预热温度	烘烤位置	烘烤温度	烘烤时间
	165℃	中下层	165℃上下火	15分钟

制作过程

1 制派底

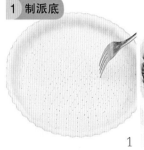

1

2

2 烘烤

3

4

参照本书 p.224 焦糖香蕉派的方法制好派皮，用餐叉在上面刺上小孔。

在派皮上垫上油纸，铺上烘焙石子或豆子。

派盘放入预热的烤箱中下层，以 180℃ 上下火烤 15 分钟，取出油纸和烘焙石，再烤 10 分钟。

烤好的派皮。只有确定派皮已先烤透了，才能做出酥松的派。

Tips

> 烤派皮时要先垫上油纸和豆子（或石子）烘烤 15 分钟，目的是给派定型，使派皮烘烤时不会隆起。最佳选择是用烘焙专用的石子，因为其重量较重，而且具有良好的传热效果。如果家里没有，也可以用黄豆、绿豆等豆子代替，随便什么豆子都行。石子或豆子要放在锡纸或油纸上，纸张要比派皮略大，这样不但容易取出石子，而且正好盖住侧边的派皮，可以避免取出石子后继续烤制时把侧面的派皮烤焦。

3 打发奶油奶酪

5

6

4 拌芝士馅

7

8

把室温软化的奶油奶酪放入打蛋盆中，加细砂糖，用电动打蛋器先低速再转中速搅打均匀。

加入鸡蛋 1 颗，用电动打蛋器低速搅匀。

加入玉米淀粉，用电动打蛋器低速搅匀。

加入动物鲜奶油，用电动打蛋器低速搅匀，即为芝士馅。

5 入模

9

6 烘烤

11

12

把芝士馅倒入烤好的派皮上。

用锡纸把派四周烤黄的派皮包裹起来，以免派边被烤糊。

放入预热好的烤箱中层，以 165℃ 上下火烤 15 分钟，至内馅凝固。

把腌制好的樱桃沥净水，摆放在派上即可。

香酥菠萝派

用"快扫"
识别图片
美食视频即刻呈现

猪猪小语

这款香酥菠萝派的外层是编织了一层网状的派皮，这样做的目的是什么呢？其一可防止派里的馅料在吃的时候掉出来，其二也会使外形更美观。

工具准备

18厘米派盘、中号打蛋盆、平底锅、硅胶铲、擀面棍、油纸（或锡纸）、烘烤豆子、汤匙、餐叉、小绿刀、尺子、毛刷、硅胶垫、圆形刮板、保鲜膜

材料准备　　此配方可做18厘米香酥菠萝派 1 个

派皮材料： 黄油95克，低筋面粉187克，全蛋液15克，盐2克，冷水45克，纯糖粉40克，装饰用蛋黄液适量

内馅材料： 新鲜菠萝320克（去皮去心后的重量），细砂糖80克，黄油25克，玉米淀粉5克，清水20克，柠檬汁15克，清水60克

准备工作

1. 将冷冻黄油取出，置于室温下回温，稍微放软后切成小块，再放回冰箱冷藏室备用。

2. 低筋面粉过面粉筛备用。

3. 将玉米淀粉放小碗内，加清水20克调匀成水淀粉。

烤箱设置

预热温度	烘烤位置	烘烤温度	烘烤时间
180℃	中层	180℃上下火	（15+10）分钟

预热温度	烘烤位置	烘烤温度	烘烤时间
180℃	中层	180℃上下火	20~25分钟

制作过程

1 煮菠萝馅

   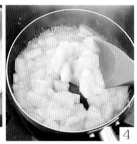

1. 菠萝果肉切成小块，放入平底锅内，加入细砂糖及清水 60 克。
2. 开小火，边慢慢熬边用硅胶铲搅拌，直到水分收干、汤汁变得有些浓稠，加入黄油块煮至熔化。
3. 水淀粉倒入菠萝中，保持小火，用硅胶铲不断搅拌，注意不要煳底。
4. 直到菠萝变得浓稠，菠萝馅就做好了，连汤汁一起盛出，盖上保鲜膜备用。

Tips

我选了成熟的新鲜菠萝做内馅，为了把菠萝煮软煮熟，我加了些清水，以延长熬煮的时间。切菠萝时记得把里面的硬心去掉，只取果肉。煮菠萝馅时不要煮得太干，因为还要经过烘烤，如果太干的话，烘烤后内馅就会更干，口感就不好了。如果你是用罐头菠萝来做的，因为里面有很多糖水，就不需要额外加水了。

2 和面团   **3 松弛**

将低筋面粉、糖粉倒入大盆内，加入刚从冷藏室取出的小块黄油。

用双手抓捏，直至面粉和黄油块充分混合成大颗粒状。

将盐、清水、蛋液倒入碗内搅匀，让盐充分溶化，淋入步骤 2。

用刮板翻拌均匀，再用双手和成面团状，包上保鲜膜，放入冰箱冷藏松弛 30 分钟。

4 入模   **5 烘烤**   **6 制派皮条**

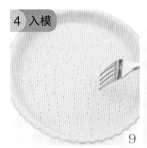   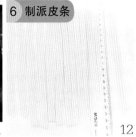

取出冷藏的面团，切下 100 克的一块，剩下的面团参照本书 p.224 步骤 8~11 的做法制好派皮，扎些小孔。

取一张油纸或锡纸，盖在派皮表面，倒入豆子或石子。

烤盘放入预热的烤箱中层，180℃上下火烤 15 分钟后去掉豆子、油纸，再入烤箱中下层，180℃上下火烤 10 钟。

取留下的 100 克面团擀成厚 2 毫米、直径 18 厘米的圆，用尺子比着切成 1 厘米宽的条状，就是用于编织的派皮条了。

7 装馅

13

8 编制派皮网

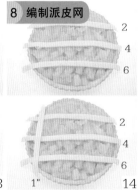

14

搭第一条的状态

搭上四条的状态

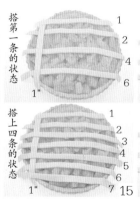

15

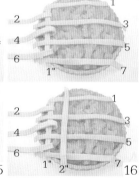

16

在烘烤过程中要在烤箱旁看顾着，等派皮中间变成微黄色时取出（上图），装入菠萝内馅（下图）。

派上先横放3条派皮条（横向2、4、6），互相之间要保持3厘米的空隙（上图），再在边上竖着搭上一条短的派皮条1"（下图）。

再取4条，横向搭在派皮上，互相之间保持1厘米的间隙。

把搭在竖1派皮条下方的横2、4、6翻出来（上图），再竖着搭一条2"，与1"之间保持1厘米左右的距离（下图）。

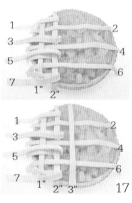

17

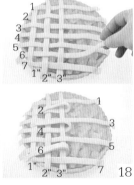

18

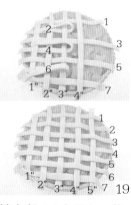

19

20

把横向的横2、4、6再搭回来盖住竖2，再把横向1、3、5、7翻出去（上图），再竖着搭一条3"（下图）。

将横向1、3、5、7再盖回来，盖住竖3（上图）。将横向横2、4、6再翻出来（下图）。

铺上竖4（上图）。将横向横2、4、6盖回来，盖住竖4，翻开横向横1、3、5、7，搭上竖5，再将横1、3、5、7盖回来（下图）。

最后把派皮收口紧粘在派边（上图），在表面刷上一层薄薄的蛋黄液（下图）。

9 烘烤

21

把织好派皮的派放入烤盘里，放进提前预热至180℃的烤箱中层，以180℃上下火烤20~25分钟，至派皮表面上色至金黄色即可。

Tips

这款菠萝派最佳赏味期是温热的时候，如果菠萝馅变凉了，或是煮得太干，吃起来就少了那份甜美多汁的味道了。

爆浆菠萝泡芙

用"快扫"
识别图片
美食视频即刻呈现

猪猪小语

泡芙的制作原理是将水和黄油一起加热至沸腾，再加入面粉烫熟，通过加热使面粉中的淀粉糊化，再经过高温烘烤时，饱含在面团中的水分在中央部分形成水蒸气，使面团膨胀鼓起。等水蒸气蒸发后，面团已经烘烤成固定状态了，就停止膨胀，并在中间形成一个空洞。

工具准备

厨房秤、电动打蛋器、面粉筛、硅胶铲、小号打蛋盆、橡皮刮刀、不粘烤盘、大号裱花袋、Wilton12号花嘴、泡芙专用花嘴、烤箱

SN7144– 特殊花嘴（尖嘴）/泡芙专用花嘴

准备工作

1. 黄油提前从冰箱取出，在室温下软化至用手指可轻松压出手印，切很小的块。
2. 鸡蛋提前从冷藏室取出回温，打散，称出需要的重量。
3. 香草豆荚用小刀从中间对剖开，仔细刮出里面的香草籽。

制作关键早知道

1. 制作泡芙时要用火力较大的燃气炉、电磁炉或电陶炉来做，不要用便携式气炉，火力太小，温度达不到。
2. 不要直接使用从冰箱中取出的鸡蛋，因为低温蛋液会降低面糊温度，使面糊中淀粉的黏性增加而变硬。
3. 泡芙通常是以200℃的高温来烘烤的，但是这款泡芙加了菠萝皮，如果用高温就很容易把皮烤焦，所以我选择以180℃来烘烤。不同的烤箱温度和高度不同，要多尝试几次才能找到合适温度，烤出香酥可口的菠萝泡芙。

材料准备　　　此配方可做爆浆菠萝泡芙 12 个

"菠萝皮"材料：

黄油40克，糖粉27克，奶粉5克，低筋面粉50克

卡仕达奶油馅材料

A：牛奶250克，细砂糖50克，蛋黄3个，低筋面粉25克，黄油20克，香草豆荚1/4支（或香草精1/4小匙）

B：动物鲜奶油150克，糖粉15克

泡芙材料：

黄油50克，清水100克，盐1/4小匙，低筋面粉60克，全蛋2颗（蛋液110克）

烤箱设置

	预热温度	烘烤位置	烘烤温度	烘烤时间
	180℃	底层	180℃上下火	30分钟

"菠萝皮"的制作过程

软化好的黄油放入打蛋盆中，用电动打蛋器低速搅散。

加入糖粉，用电动打蛋器先低速再转高速打匀。

把奶粉和低筋面粉混合，用面粉筛筛入过程3的材料中，用橡皮刮刀把所有材料拌匀。

用手抓捏成面团，包上保鲜膜，入冰箱冷藏。

卡仕达奶油馅的制作过程

将蛋黄放入打蛋盆中，加入细砂糖，用手动打蛋器搅打至砂糖溶化，无需打发。

加入过筛的低筋面粉，用手动打蛋器搅打成光滑、细腻的面糊。

牛奶倒入小锅，放入香草豆荚和香草籽（或香草精），小火煮至牛奶边沿有些起泡，但还未沸腾时关火。

将煮好的牛奶倒入打好的蛋黄面糊中，边倒边用手动打蛋器搅拌均匀。

将调好的面糊用网筛过滤到小锅里，去除香草豆荚。

重新开小火，边煮边用硅胶铲防止粘锅底，煮成较浓稠但仍会流淌的面糊即成卡仕达酱，盖上保鲜膜放凉。

将B料中的动物鲜奶油放入打蛋盆中，加糖粉，用电动打蛋器中速打至九分发。

打好的鲜奶油中加入卡仕达酱，用电动打蛋器低速搅匀，即为卡仕达奶油馅。

泡芙的制作过程

1 制泡芙面糊

1

2

3

4

软化的黄油块放小锅中，加盐、清水、中小火煮至黄油化成液态，清水和黄油一起沸腾，会有油花溅起来。

熄火，把低筋面粉均匀撒在滚烫的液体中。

Tips

要煮到黄油和水一起沸腾才加入面粉。

锅端离火，用硅胶刮刀划圈搅拌匀成面团。动作要快，把面粉烫匀。

开小火加热面团以去除水分，边加热边用硅胶刮刀翻动面团，直至锅底起一层薄膜后马上离火，不要烧煳。

Tips

不要用不粘锅，否则可能不会出现这层薄膜，无法判断是否已经加热到位。

5

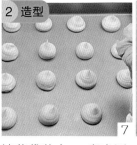

6

7

3 盖"菠萝皮"

8

将面团倒入大盆内，摊开散热至不烫手，分次少量加入蛋液。每次都要用刮刀充分搅匀后再加入下一次。

直至面团完全吸收了蛋液，面糊变得光滑细腻，用刮刀铲起面团时会出现倒三角状而不滴落。

Tips

裱花袋装上 10 毫米圆口花嘴，套入高杯里，装入面糊，挤在不粘烤盘上，互相之间要隔开3 厘米的空隙，因为烘烤后泡芙会膨胀很多。

取出冷藏的"菠萝皮"面团，用刮板分割成16份，每份 7 克，搓圆，放在左手中，用右手大拇指按成帽子状，要和泡芙一样大，盖在泡芙上。

Tips

鸡蛋在面糊中起到酥松和增加水分的作用。若鸡蛋量过少，泡芙的膨胀力小，不够松化；若鸡蛋量过多，泡芙面糊过稀，又会造成成品塌陷。所以不要一次性加入鸡蛋，而是要视面糊的状态，少量多次添加。

泡芙面团硬度以可用裱花袋轻松挤出，挤出的面团可以较好地维持形状为宜。泡芙面团要尽快使用，放置时间长了，会降低面团膨胀能力。

4 烘烤

9

5 夹馅

烤盘放入预热好的烤箱底层，以180℃上下火烤 30 分钟，至泡芙表皮有些微上色。

裱花袋上装好花嘴，将卡仕达奶油馅装入裱花袋中，将内馅从泡芙底部挤入，挤到感觉内馅马上就要溢出来方可。

10

芝心海鲜至尊批萨

用"快扫"
识别图片
美食视频即刻呈现

猪猪物语 这款批萨有着丰富多样的海鲜、外酥内嫩的芝心边，再加上我独门秘制的酱料，绝对美味，而且经济实惠。

Tips

批萨制作要点

1. 在饼皮上用餐叉扎扎的目的是给面团排气，以防面团在烘烤过程中隆起。铺批萨酱的时候要尽量滗去里面的油，因为过多的油在烘烤时会溢出来。

2. 在面团表面铺的馅料不能用含水分多的材料，否则流出来的水分会浸湿饼皮。含水量多的材料要事先炒一下以去除部分水分，但不要炒得太熟，否则烘烤时会把馅料烤得太干。

3. 做好的批萨要趁热吃，因为马苏里拉芝士变冷后就会变硬。吃剩下的批萨要用食品袋密封起来，放入冰箱冷冻，等要吃的时候用烤箱170℃烤10分钟再吃。

工具准备

厨房秤、平底锅、刮板、排气擀面棍、18 厘米批萨盘、厨房剪、餐叉、烤箱

材料准备

此配方可做18厘米芝心海鲜至尊批萨 1 个

面团材料： 批萨专用粉（或高筋面粉）150克，清水90克，细砂糖10克，盐1/4小匙，酵母粉1/2小匙，黄油15克

肉酱材料： 番茄酱2大匙，细砂糖2小匙，猪绞肉100克，黑胡椒粉1/2小匙，蒜1/2小匙，洋葱碎1/2小匙，盐1/4小匙，色拉油1大匙，清水80克

馅料材料： 鲜虾15只，鲜鱿鱼100克，蛤蜊20只，青红椒、洋葱、香葱碎、黑胡椒粉、盐各适量，红酒少许，马苏里拉芝士300克

批萨专用粉

准备工作

1. 将马苏里拉芝士提前从冰箱冷冻库取出，切碎备用。
2. 将洋葱和青红椒分别洗净，切小块。

烤箱设置

	预热温度	烘烤位置	烘烤温度	烘烤时间
	220℃	中层	220℃上下火	（15+5）分钟

批萨肉酱的制作过程

1. 平底锅放色拉油，小火烧至四成热，放入洋葱碎、蒜碎炒出香味。

2. 加入猪绞肉，小火煸炒至出油，加入番茄酱、砂糖、黑胡椒粉、盐。

3. 翻炒均匀后加入清水，水量没过肉即可。

4. 小火焖煮至水分基本收干、酱料黏稠，把肉酱装入小碗内，盖上保鲜膜，放凉备用。

馅料的制作过程

1. 虾仁和去皮鱿鱼块用香葱、黑胡椒粉、盐和少许红酒腌制片刻入味。

2. 蛤蜊放入开水锅余烫至开口，捞出过凉水，取肉，撒少许盐腌制片刻。

3. 炒锅放少许油烧热，下洋葱、青红椒快速翻炒至半熟，取出。

4. 洗净锅，再放少许油烧热，放入虾仁和鱿鱼快速翻炒至半熟，取出备用。

批萨面团的制作过程

1 和面团

1

批萨粉放入面盆中，加入清水、砂糖、盐、酵母粉混合成面团，放在案板上充分揉匀。

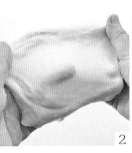

2

揉至面团有一定的延展性，即用手慢慢展开面团时可拉出一小片较厚的薄膜时加入黄油。

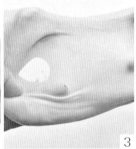

3

继续揉面团，直至黄油均匀地混入面团中，面团可拉出一大片不易破裂的薄膜，即达到扩展阶段，面团就和好了。

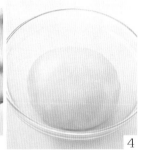

4

面团放碗中，盖保鲜膜，放温暖处发酵，最佳发酵温度28~32℃，湿度70%~80%，发酵时间40~60分钟。

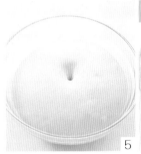

5

发酵至面团体积达到原先的2倍大。

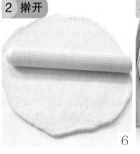

2 擀开

6

取出面团，在案板上滚圆排气，盖上保鲜膜静置松弛15分钟，再用排气擀面棍擀成4毫米厚的圆饼。

3 入模

7

烤盘里抹一点黄油，将面饼放烤盘上，用手指将饼的边缘尽量压薄。

4 做芝心边

8

在饼边缘撒一圈芝士碎，用手将饼边提起包住芝士碎，形成一个圆圈，用手捏紧收口。

5 铺肉酱

9

用餐叉在饼皮上扎很多小孔以帮助排气，在表面铺上批萨肉酱。

6 撒芝士碎

10

肉酱表面撒一层芝士碎，盖上保鲜膜再静置15分钟。

7 铺馅料

11

铺上洋葱、彩椒、虾仁、鱿鱼、蛤蜊肉等馅料。

8 烘烤

12

烤盘放入预热好的烤箱中层，以220℃上下火烤15分钟，取出撒上剩余的芝士，继续烤3~5分钟至芝士熔化即可。

火腿卷边批萨

准备工作

1. 黄油提前从冰箱取出，在室温下软化至用手指可轻松压出手印，切小块。
2. 马苏里拉芝士提前从冰箱取出解冻。
3. 所有蔬菜类材料洗净，控干。将洋葱、彩椒和西蓝花分别切成小块。西蓝花用开水氽烫2分钟，捞起备用（图a）。
4. 取1根火腿切块。马苏里拉芝士切成黄豆大的小块（若你买的是芝士碎，可省略这一步）（图b）。
5. 在批萨盘上预涂上10克黄油，这样批萨底就会被煎得香香的（图c）。

a

工具准备

10吋批萨盘、刮板、排气擀面棍、厨房剪刀、烤箱

材料准备

此配方可做10吋火腿卷边批萨 1 个

批萨饼材料

A：披萨专用粉（或高筋面粉）150克，清水80克，细砂糖10克，盐1/4小匙（1.5克），酵母粉2克

B：黄油20克（涂盘用黄油10克）

馅料材料

火腿肠4根，洋葱30克，红黄绿色彩椒各20克，西蓝花30克，马苏里拉芝士碎150克，批萨肉酱100克（做法见本书p.237）

b

烤箱设置

	预热温度	烘烤位置	烘烤温度	烘烤时间
	200℃	中层	200℃上下火	15分钟

c

制作过程

1 制面饼

1

参照本书 p.238 芝心海鲜至尊批萨步骤 1~6，和好面团，发酵并松弛好，用排气擀面棍擀成直径 25 厘米的圆饼。

2 入模

2

将擀好的批萨饼皮铺在批萨盘上，用手按压面团，使面团的大小正适合批萨盘。

3 卷边

3

将剩下的 3 根火腿肠对半切开，在批萨上绕成一圈。

4

用饼皮的边缘包裹住火腿肠，并把收口粘紧。

5

用剪刀将包卷火腿肠的批萨边剪断，每段大约 2 厘米。

4 造型

6

用手将火腿肠翻一下，切口面朝上。如果火腿肠的位置太多，可以除掉一部分不要。

7

全部翻过来后整理均匀，用餐叉在批萨饼皮中间多刺些小孔，以防烘烤时饼皮隆起。

5 铺肉酱

8

在饼皮上均匀地铺上批萨肉酱，注意不要把肉酱中的油加进去。

6 撒芝士碎

9

在肉酱上铺上一层厚厚的马苏里拉芝士。

7 铺料

10

加上切碎的火腿和各类蔬菜。

8 烘烤

11

批萨盘放入预热好的烤箱中层，以 200℃ 上下火烤 15 分钟即可。

Tips

1. 彩椒和洋葱含水分较多，在铺料的时候不要铺太多，否则在烘烤过程中会出水，水分浸湿饼皮就不好吃了。
2. 西蓝花含的水分少，所以在烤之前要用水焯烫一下，以免烘烤时烤煳。

PART 2

传统中点

中式酥皮点心
制作技巧

一、中式酥皮点心的分类

制做中式酥皮又称开酥、起酥，是指以水油面团作皮，包入油酥后经过擀卷，形成层层相隔的酥皮面团。包酥的基本方法有两种，即大包酥和小包酥。而以酥皮呈现的形态，又分明酥和暗酥两种。

小包酥： 优点是酥层均匀、层次多，皮面光滑，不易破裂；缺点是操作复杂，速度慢，费工时、效率低。

大包酥： 优点是操作较为简单，制作效率高，皮面光滑，不易破裂；缺点是酥层不够均匀，层次少。适用于大批量生产的品种。

明酥： 是指将擀制成卷的酥皮切口朝上擀开，再包制而成的酥皮点心，如本书中 p.248 的**紫薯酥**。制成的酥点酥层外露，表面能看见螺旋状的起酥层，非常漂亮。为了显现这些层次，所以通常会在油酥层里加入有色泽的粉类，如抹茶粉、可可粉、蔬菜色粉等等。

暗酥： 做好的点心表皮光滑，看不到起酥层，要切开点心后在切面才能看到层层的起酥。如本书中 p.243 的**蛋黄酥**、p.253 的**奶香绿豆酥**、p.251 的**金丝肉松饼**。

二、水油皮面团

水油皮面团是以面粉、水和少量油脂调制而成的面团，具有一定的筋性、良好的可塑性和延展性。

制作水油面团**注意事项：**

1.制作时，先将水和油搅拌，让他们乳化成油水混合的乳油液，然后加入面粉搅拌。经过搓揉，使面筋产生筋性，成为表面光滑、柔韧的面团。这样的面团具有很好的延展性，操作时不易破皮。

2.加水量：一般加水量占面粉的 40%~50%。加水过多，面团太软不易成型；加水过少，蛋白质吸水不足，面筋延展性差。

3.水温：一般用 18~20℃的温水来调粉。若水温过高，会因淀粉糊化使面团黏度增加，不便操作。

4.环境温度：若室温过高，则面团里面的猪油会熔化，造成混酥；若室温过低，猪油又会变硬，造成面团干硬。所以室温过高时面团要冷藏；室温过低时可放入烤箱，并放一碗温水，以保持温度和湿度。夏季时面团温度应该控制在 22~26℃，冬季应保持在 22~28℃。湿度则以 70%~80% 为宜。

5.松弛时间和温度：时间 20 分钟、温度 20℃为宜。如果没有足够的松弛时间面团，则在擀制的时候容易破皮，造成破酥。松弛时一定要盖好保鲜膜或布，以防面团变干。

三、油酥面团

油酥面团是以面粉和油脂调制而成的面团，酥点中的层层酥皮就是油酥面团形成的。

制作油酥面团**注意事项：**

1.油酥面团的用油量较多，油脂的表面张力大，疏水性强，也有一定的粘度，所以油酥面团没有韧性和延伸性，其软硬度应控制和水油皮面团一致，以便于包酥操作。

2.油酥中的面粉与油的比例一般是 2：1，动物油使用量多一些，而植物油使用量就少些。注意不能使用热油调粉，以防由于蛋白质变性而引起面团过于松散。

3.松弛时间和温度：温度 20℃，松弛时间 10 分钟。

蛋黄酥

用"快扫"
识别图片
美食视频即刻呈现

 猪猪小语

中式甜点中，蛋黄酥的受欢迎度可以排在第一位吧——层层叠叠、一碰就碎的酥皮，香甜软糯的豆沙，加上金黄出油的咸蛋黄，口感丰富，咸中带甜，好吃又不腻。

我做这款蛋黄酥时采用了小包酥的暗酥做法，层次更丰富，同时操作步骤也更复杂些。

材料准备 ── 此配方可做蛋黄酥 7 个

水油面团材料：低筋面粉110克，糖粉18克，清水40克，猪油40克

油酥面团材料：低筋面粉100克，猪油50克

其他材料：红豆沙245克、咸蛋黄7个（每个净重18克），高度白酒适量

工具准备

厨房秤、面粉筛、手动打蛋器、圆形刮板、打蛋盆、擀面棍、不粘烤盘、羊毛刷、烤箱

烤箱设置

预热温度	烘烤位置	烘烤温度	烘烤时间
180℃	中下层	180℃上下火	25分钟

制作好小包酥的关键点

1. **面团松弛的时间。** 夏季时油酥面团遇热会软化，很容易造成混酥，所以要适时把面团放入冰箱冷藏降温。冬季时油酥面团会变硬，可以把面团放在温暖的地方，让其保持柔软的状态。
2. **温度、湿度的控制。** 每次擀卷后要给面团充分的时间松弛，最少20分钟，面皮经过松弛面筋就会软，容易擀开，不易破裂制作酥皮的最佳湿度是60%-70%，所以操作时一定要用保鲜膜把面团盖好，不然面团变干，擀卷时就会开裂，造成破酥。

Tips

馅料的制作过程

1. 咸蛋黄在高度白酒中滚一圈，目的是给咸蛋黄去腥、增香。
2. 将咸蛋黄放在烤盘上，放入烤箱，180度中层上下火20分钟。
3. 将红豆沙分成7份35克一份。滚成圆球形。
4. 红豆沙球用手掌按扁。
5. 包入咸蛋黄。
6. 用双手搓圆，即成馅料。把7个馅料都做好。

饼皮的制作过程

1 制水油面团

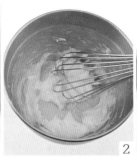

猪油、糖粉倒入搅拌盆，分次少量加入清水。

Tips

猪油要充分化开，故夏季用常温水，其他季节室温低时要用60℃的热水。

用手动打蛋器充分搅拌均匀。

加入筛过的低筋面粉。

Tips

如第一步中用的是热水，则要放凉后再加面粉，以免面粉被烫熟。

用圆形刮板把所有材料拌均匀。

2 松弛

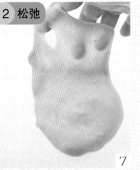

5

6

7

用手将所有材料和成面团状。

面团用双手搓开、揉匀，揉到面团达扩展阶段，即成水油皮面团。

把水油皮面团包上保鲜膜，静置松弛1小时。

Tips

一定要充分揉搓至起筋，能拉出一层薄膜方可。这样在擀制时才不易破皮，烤出的成品表皮不易破裂。

3 制油酥面团

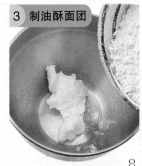

4 松弛

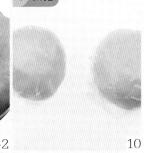

8

9-1

9-2

10

小盆内放入猪油，倒入筛过的低筋面粉。

用手抓捏至油和粉类充分混合，放到案板上，用手按压和成均匀的面团，就是油酥面团了。

Tips

把油酥面团包上保鲜膜，静置松弛1小时（若是夏季制作，要放进冰箱冷藏）。

油酥面团因没有添加水分，故不会产生筋性，和面时容易松散，只要用手反复按压，使猪油和面粉充分混合在一起即可。

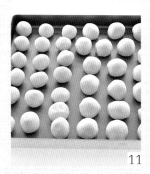

5 包酥

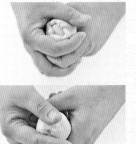

11

12

13

14

水油皮面团分割成25克的剂子，油酥面团分割成20克的剂子，滚成圆球，盖保鲜膜备用。

取一块水油皮面团，用手掌按扁，按成中间略厚、边缘稍薄的饼皮。

饼皮中间放一块油酥面团，一起放在左手虎口位置。

一边转一边将面团慢慢向上收口。捏紧并收口。面团收口朝下，整成圆球状。

6 松弛

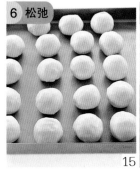

15

将球形面团盖上保鲜膜，静置松弛20分钟（若室温超过20℃，需要移入冰箱冷藏）。

7 擀开、卷制

16

将松弛好的面团用手掌按扁，再用擀面棍擀成椭圆形，由上至下将面片卷起。

8 松弛

卷好的样子

17

卷好的成品状态，呈圆柱状。依次将所有面团擀卷好，盖上保鲜膜，静置松弛20分钟。

9 二次擀开

松弛好的面团

18

松弛好的面卷用手轻轻按压扁，用擀面棍将面团擀成长条状，由上向下卷起。

10 二次卷制

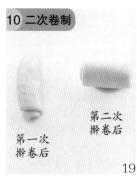

第二次擀卷后

第一次擀卷后

19

左图为第一次擀卷成品，右图为第二次擀卷成品。

11 二次松弛

20

将第二次擀卷的成品，盖上保鲜膜，松弛20分钟。（夏季放入冰箱松弛）

12 对折

21

将二次擀卷成品，用拇指在中间压一下，用虎口位置把卷对夹起来。

13 擀皮

暗酥

22

对夹方向朝上，用手摁扁，再用擀面棍把面皮擀成边缘薄，中间厚的圆饼。

14 包馅

23

饼皮放在左手的虎口位置，放入一颗豆沙馅，右手压住内馅，左手一边转一边收口。

24

最后把饼皮收拢，掐掉多余的小尾巴。将蛋黄酥收口朝下，放置在烤盘上。

15 造型、装饰

25

表面刷上薄薄的蛋黄液，顶部撒上黑芝麻。

16 烘烤

26

烤盘放入预热好的烤箱中下层，以180℃上下火烘烤25分钟。至表面变为金黄色即可。

附：自制红豆沙

制作关键早知道

1. 最好选用不粘锅来炒，而且整个炒制过程中都要不时地用锅铲搅动锅底，因为豆沙很容易粘锅。豆沙一旦长时间粘在锅底没翻动时，就会变煳，遇到这种情况，就要赶紧把锅里没煳的豆沙盛出来，把锅子洗干净再炒，否则整锅豆沙就都会带有苦味了。

2. 豆沙刚炒的时候因为水分较多，受热后会像岩浆一样不时冒出大气泡。这时要右手执锅盖挡一下，以免溅到身上烫伤自己。

工具准备

电压力锅、搅拌机、不粘炒锅

材料准备

红豆 500 克，白砂糖 250 克，色拉油 120 克

制作过程

1

红豆提前用清水浸泡 4 小时，放入电压力锅内，加入清水，水面要高出红豆高度的一倍，盖上锅盖，按下"豆类"键，煮至跳键。

2

将煮好的红豆和汤汁一起倒入搅拌机内，搅拌成泥状。

3

把搅好的红豆泥倒入不粘炒锅内，用小火炒制，边炒边用锅铲搅拌，以免煳底。

4

一直炒到水分快要收干。

5

分次少量加入色拉油，每次都要翻炒到豆沙充分吸收了油脂，再加入下一次。

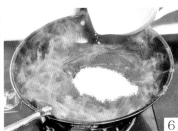

6

最后加入白砂糖慢慢翻炒。

7

炒至豆沙变干，用手可以捏成团即可。炒好的红豆沙可以做多种点心的馅料，也可直接冲水喝。

猪猪小语

这款紫薯酥采用了小包酥的明酥做法。它的外表有着螺旋般的美丽纹路，起酥层次分明，配以营养丰富的内馅，低油少糖，是一款健康又美味的甜点。

紫薯酥

用"快扫"识别图片 美食视频即刻呈现

工具准备

手动打蛋器、面粉筛、圆形刮板、搅拌机、厨房秤、搅拌盆、硅胶垫

材料准备

水油面团材料：低筋面粉150克，糖粉20克，温水54克，猪油54克

油酥面团材料：低筋面粉116克，猪油68克，紫薯粉20克

内馅材料：紫薯340克，炼乳80克，黄油液30克

此配方可做紫薯酥 18 个

准备工作

黄油从冰箱取出，隔热水加热熔化成液态。

烤箱设置

	预热温度	烘烤位置	烘烤温度	烘烤时间
	180℃	中层	180℃上下火	25 分钟

内馅的制作过程

1

2

3

将紫薯去皮，切成小块，放到烧开的蒸锅里蒸 20 分锅至熟，再用搅拌机搅成细泥状。

紫薯泥中加入炼乳、黄油液，搅拌均匀即成紫薯馅。

把紫薯馅分成每份 25 克，共 18 个，逐个揉成小圆球备用。

饼皮的制作过程

1 制水油面团

1

2

3

4

把猪油和糖粉倒入搅拌盆里，再加入54克温水，用手动打蛋器把油和水划圈搅匀。

筛入低筋面粉，用圆形刮板把所有材料搅拌均匀。

用手把所有材料和成面团状，倒在硅胶垫上，用双手搓开、揉匀，揉到面团达到扩展阶段。

揉好的面团可以拉出很薄的薄膜，水油面团就和好了。

Tips

为了让猪油软化我加入了温水，水温一般在30℃左右；如果是在冬天或者猪油太硬的情况下，也可以用50~60℃的热水。但猪油熔化后要彻底放凉，再加入面粉，否则会使面粉中的淀粉糊化，造成面团没有筋性、粘手。

2 制油酥面团

5

3 松弛

6

4 包酥

7

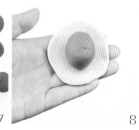

8

将紫薯粉与低筋面粉混合过筛，倒入搅拌盆里，倒入猪油，用手抓捏成面团。

面团放案板上，用手按压均匀，就是油酥面团了。两种面团分别包保鲜膜，静置松弛1小时。夏季要放冰箱冷藏。

水油面团切成每份30克，油酥面团切成每份20克，全部搓成小圆球，盖上保鲜膜备用。

取一块水油面团，用手掌按扁，按成中间厚、四周薄的圆饼状，放在左手虎口位置，再包入一颗油酥面团。

5 松弛

9

10

6 擀开

11

7 卷制

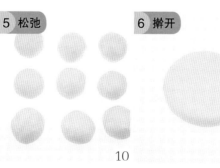

12

一边转一边将水油皮向上包拢，最后捏紧收口。

将所有的水油皮逐个包好油酥，盖上保鲜膜松弛20分钟。

松弛好的面团放在案板上，用手掌压扁。

将其擀成椭圆形，由上至下卷起来。

8 松弛	9 二次擀开	10 二次卷制	11 二次松弛

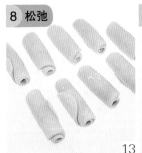  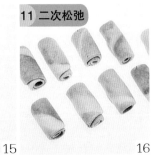

13　　　　　14　　　　　15　　　　　16

卷好后，要盖上保鲜膜再松弛 20 分钟。　松弛好的面团再次擀成长条状。　由上至下卷起。　卷好后，盖上保鲜膜再松弛 20 分钟。

Tips

每次擀卷后一定要给面皮足够的松弛时间，并且要盖上保鲜膜保湿，这样在擀卷时才不容易破。

12 切分	13 擀皮	14 包馅

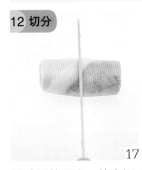  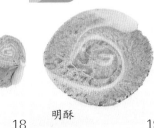 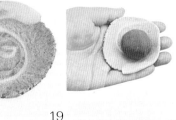

明酥

17　　　　18　　　　19　　　　20

松弛好的面卷，从中间对半切开。　切开后可见内部一圈圈的纹路。　取其中一个，切口的一面朝下，轻轻压扁，再擀成中间厚，四周薄的面皮。　将面皮切口面朝下，放在左手虎口位置，放入紫薯内馅。

Tips

将酥皮卷对切时要用很锋利的刀，这样切出来的纹路才清晰漂亮。

		15 造型	16 烘烤

  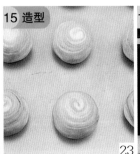 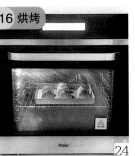

21　　　　22　　　　23　　　　24

右手按着内馅，左手收拢饼皮，一边转一边将内馅收口。　最后将收口捏紧。逐个将 18 个都做好。　收口向下放到烤盘里，这时就能看到螺旋状的花纹了。　烤盘放入预热好的烤箱中层，以 180℃ 上下火烘烤 25 分钟即可。

Tips

这款馅料我放的不是很甜，如果喜欢的话，也可以加入半颗咸蛋黄，味道会更好。

金丝肉松饼

工具准备

厨房秤、不粘烤盘、擀面棍、烤箱

材料准备 ← 此配方可做金丝肉松饼 9 个

水油面团材料：低筋面粉110克，纯糖粉30克，清水40克，猪油40克
油酥面团材料：低筋面粉 90克，猪油 50克
馅料材料：肉松135克，奶香绿豆沙馅90克（做法见本书p.253步骤1~3）

Tips

这道肉松饼的馅料是由肉松和绿豆组合而成的，你可以根据自己的喜好来调整两者的比例。

烤箱设置

	预热温度	烘烤位置	烘烤温度	烘烤时间
	200℃	中层	200℃上下火	20~25分钟

制作过程

1 调制面团

油酥面团　　水油皮面团

1

2

1. 参照本书 p.244 蛋黄酥的制作步骤 1~11，分别做好水油皮面团和油酥面团，分别包上保鲜膜，静置松弛。
2. 将油皮切分为每个 20 克，油酥每个 15 克，均为 9 个。参照蛋黄酥的制作步骤 12~26，将面团擀开卷好。

2 调制馅料

3

4

3 擀皮

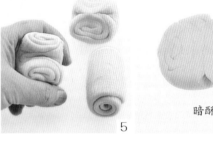

5　　　　　　　　　　暗酥　　　　6

猪肉松和绿豆沙馅放盆内，用手抓捏至看不到绿豆沙颗粒，成馅料。

按每份 25 克的重量称出馅料，用手握成球状备用。

取一个卷好的面团，将两头向中间对折。

做成如图的样子，按扁。

4 包馅

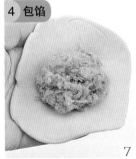

7

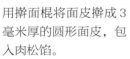

8

5 整形

9

6 烘烤

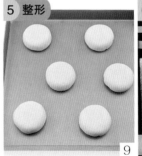

10

用擀面棍将面皮擀成 3 毫米厚的圆形面皮，包入肉松馅。

利用手虎口的位置，左手转，右手按压着馅，将饼收口。多余的面团揪掉不要。

用手将饼按扁，保持一定的间距放置。

烤盘放入预热好的烤箱中层，以 200℃上下火烤 20~25 分钟，至表皮呈金黄色即可取出。

Tips

1. 如果希望烤好的肉松饼是扁平的，可以在烤 10 分钟后翻面一次。
2. 烤好的饼要等待放凉后，饼皮才会变得酥脆。

奶香绿豆酥

 用"快扫"识别图片 美食视频即刻呈现

用"快扫"识别图片 美食视频即刻呈现

猪猪小语

绿豆酥是一款传统的潮式点心，经过我的改良，使它的内馅口感更丰富。酥松的外皮，包着香甜软绵的绿豆馅，是家里老少都很喜爱的一道甜点。这款绿豆酥是采用大包酥的做法。

大包酥制作法的优点是效率高，皮面光滑，不易破裂，缺点是酥层不够均匀，层次少。适用于大批量生产的品种。

工具

厨房秤、打蛋盆、手动打蛋器、面粉筛、圆形刮板、搅拌机、烤箱

准备工作

1. 去皮绿豆（烘焙店或网店可以买到）提前用清水浸泡一晚上，浸泡的水量要没过绿豆10厘米高。

2. 葡萄干洗净，对半切开备用。

> 刚开始炒时绿豆泥中水分很多，煮开后会像岩浆一样冒泡泡，这时要拿锅盖挡一下，不然很容易被烫伤。

Tips

绿豆泥放入不粘锅内小火翻炒，边炒边用锅铲不断搅拌以免煳底。炒至水分九分干时加入砂糖炒至溶化。

馅料材料

此配方可做奶香绿豆酥 14 个

馅料材料：去皮绿豆250克，细砂糖150克，奶粉70克，黄油70克，葡萄干30克

水油面团材料：低筋面粉110克，糖粉18克，清水40克，猪油40克

油酥面团材料：低筋面粉90克，猪油50克

烤箱设置

预热温度	烘烤位置	烘烤温度	烘烤时间
180℃	中层	180℃上下火	25分钟

制作过程

1　制作馅料

泡好的绿豆放进电饭锅，加清水至没过豆子，按下煮饭键煮到跳键。用手捏一下豆子，手感应是粉糯的，没有硬的夹生。将豆子放入搅拌机搅打成泥。

1

2

3

再加入黄油，翻炒至黄油熔化。炒至水分快收干时加入奶粉，翻炒至可以用手捏成团，绿豆馅就做好了。

4

将绿豆馅和葡萄干一起放入盆内，用手抓匀，制成馅料。

5

将馅料称出每份35克，搓成圆球，盖上保鲜膜备用。

2 制水油面团

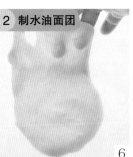

6

参照本书 p.244 蛋黄酥中水油面团的和法和好水油面团。

3 制油酥面团

7

参照本书 p.245 蛋黄酥中油酥面团的和法和好油酥面团。

4 包酥

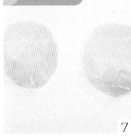

8

将水油面团擀成一块圆饼，中间放入油酥面团。

9

提起包住油酥面团，捏紧收口，包成一个大面团。

5 松弛

10

将大面团用手按扁，擀成一块长方形面片，将面片由上向下卷起，卷成圆筒状，包上保鲜膜，静置松弛一会儿，切成每份35克的剂子。

6 擀皮

明酥

暗酥

11

将面剂子切口朝上，压扁，这样做出的酥皮是明酥（上）。将切口朝侧边，光滑的面朝上，压扁，这样做出的是暗酥（下）。

7 包馅

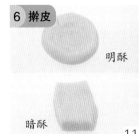

12

将面团擀开成圆饼状，放在左手虎口位置，包入馅料。用右手按压着内馅，一边转一边将饼皮向上收口。

8 造型

13

最后捏紧收口，将收口朝下摆放在烤盘上。印章蘸红色素，在饼中央印上花纹。

9 烘烤

14

烤盘放入预热好的烤箱中层，以180℃上下火烤25分钟即可。

Tips

若无印章，可用筷子点个红点，显得喜庆。所用色素是食用色素，是可食用并安全的。若你不喜欢，可不点。

广式莲蓉蛋黄月饼

用"快扫"识别图片 美食视频即刻呈现

猪猪小语

买来的月饼有的不放冰箱也能保存三四个月不坏，我觉得不放心，只好自己动手做，所以我这个最怕做月饼的懒妈妈也开始自己动手炒莲蓉了。

广式月饼是采用糖浆来制做饼皮的，成品色泽金黄，花纹清晰，皮薄馅靓，香甜不腻。

工具

厨房秤、面粉筛、手动打蛋器、圆形刮板、75克月饼模具、小毛刷、烤箱

月饼模具

广式月饼粉

材料准备 此配方可做75克广式莲蓉蛋黄月饼 11 个

酥皮材料

A：广式月饼粉（或中筋面粉）200 克，吉士粉 15 克，枧水 3 克，植物油 60 克，转化糖浆 168 克

B：自制莲蓉馅（做法见本书 p.259）400 克，咸蛋黄 11 颗

转化糖浆材料

白砂糖 300 克，清水 120 克，鲜榨柠檬汁 35 克

烤箱设置

预热温度	烘烤位置	烘烤温度	烘烤时间
200℃	中层	200℃上下火	20 分钟

准备工作

制作枧水：将 2 克食用碱加 10 克冷水混合，搅匀至溶化即可。

制作关键早知道

1. 将做好的转化糖浆放入干净的玻璃罐中，密封保存。转化糖浆存放的时间越久，味道越香浓，所以在制作月饼时，最好能提前半个月先制作好转化糖浆。
2. 冷却后的糖浆应是有流动性的，如果无法流动，说明煮的时间过长，水分挥发干了。此时可以再加少许水，重新加热至115℃再使用。
3. 烤月饼时用了分段烘烤的方式，可防止因持续高温烘烤使内馅膨胀，而造成月饼表皮开裂。

制作过程

1 制转化糖浆

 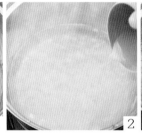 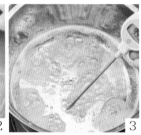 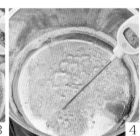

| 1 | 2 | 3 | 4 |

把水和白砂糖混合搅拌，开小火煮至砂糖全部溶化。

Tips

最好选用较深的不锈钢锅，因为糖浆在煮沸时会升腾起来，锅不够深的话会溢出来。

1. 结晶是个连锁反应，只要有少许糖结晶，就会蔓延开来，最后一整锅糖就会全部结晶了。
2. 煮糖浆时尽量不要用大火，否则糖浆还没有完全转化，水分就已经先挥发干了。

保持用小火加热糖水，煮的中途不要搅拌糖水，以免锅边的砂糖出现结晶。当糖水开始沸腾时加入鲜榨柠檬汁，继续用小火慢慢熬煮。

Tips

当糖浆的色泽从白色转为微黄色时，开始用温度计测量，一开始锅内的糖浆色泽仍是浅白色的。

Tips

要使用探针式温度计（见本书 p.6），不要使用普通温度计。测温的时候，要把温度计探针的尖峰悬在糖浆的中间位置，因为锅底温度是最高的。

慢慢的色泽会越来越深，当糖浆的温度达到115~118℃时，离火放凉。煮好的糖浆应是呈琥珀色的，浓稠度和蜂蜜相近，冷却后会变得更稠，如麦芽糖般。

Tips

要用探针把锅中四周都测量一下，直到所有位置都达到115℃以上才可以。

2 制饼皮面团

| 5 | 6 | 7 | 8 |

月饼粉和吉士粉混合，用面粉筛过筛。

取3克调好的枧水倒入转化糖浆中。

Tips

用手动打蛋器搅匀。刚开始搅拌的时候糖浆会比较浓，要大力搅拌。

分3次加入植物油。

1. 饼皮中使用转化糖浆，一来可增加饼皮的延展性，使饼皮烘焙时不易破裂；二来可增加饼皮的色泽和风味。
2. 加入枧水的目的：
   ① 转化糖浆加工过程中是加了酸的，加入枧水可以中和酸性物质，防止月饼产生酸味而影响口味。② 枧水和酸进行中和反应时会产生一些二氧化碳气体，这些气体能促进月饼适度膨胀，饼皮口感更加疏松而又不会变形。
   ③ 增强月饼饼皮的碱性，有利于月饼着色。碱性越高，月饼越容易着色。

3 松弛

4 处理馅料

9

10

11

12

每次都要用手动打蛋器充分搅匀，然后再加入下一次。搅拌的至呈浓稠的膏状，加入过筛的粉类。

用手将面粉和糖油混合，借助圆形刮板整成均匀的面团。不要过度搓揉以免面团起筋，做出的饼皮不松软。

面团包上保鲜膜，放入冰箱冷藏松弛1小时。

咸蛋黄在白酒中滚上一圈以去腥增香，放入钢盘，再放入烤箱，以150℃烤10分钟至熟。

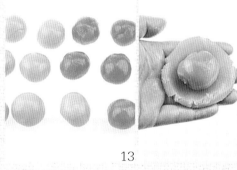

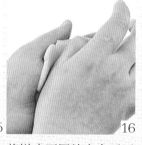

13

14

15

16

将饼皮分割成每份35克，莲蓉馅分成每份35克，都搓成小圆球。

取莲蓉馅，用手掌按扁，中间放入咸蛋黄，用手将莲蓉向上收口。

收成一个圆球，再用双手搓圆。

将饼皮面团放在左手掌上，用右手大拇指根部按压成四周薄、中间厚的圆饼皮。

5 包馅

17

18

19

20

饼皮的大小约可包住馅料的2/3处。

将饼皮放在左手虎口位置，放入莲蓉馅，

用右手按压内馅，左手一边转一边收拢饼皮。

转出收口，用手将收口处按紧。

257

6 入模 23

7 烘烤 24

用毛刷在月饼模上刷一薄层面粉，将模具在桌上轻磕几下，去除多余的面粉。

将包好的月饼坯子放入模具中，收口朝外，用双手将月饼坯子向模具内压平整。

将月饼模具扣在烤盘上，轻轻向下按压，挤出月饼。

烤盘放入预热好的烤箱中层，以200℃上下火烤5分钟后取出。

8 刷蛋液 25

9 反复烘烤 26

10 回油 27

用小毛刷轻轻在月饼表面刷一层蛋黄液。蛋黄液不要刷过多，以免烤出的花纹不清晰。

再次将烤盘放入烤箱中，以180℃上下火烤5分钟，取出晾5分钟后再放回烤箱，以180℃烤5分钟，再取出晾凉。如此反复烘烤3次，共烤15分钟。

烤好的月饼不要马上取出，要等彻底凉透后再取出。刚烤好的月饼表皮是干硬的，晾凉后装入密封盒内，等待一晚让月饼回油，就变得油润可口了。

失败原因及解决方法

情况1：月饼皮泄脚（图1）。

原因：这是包月饼皮的时候，底部的月饼皮过厚造成的。

解决方法：压皮的时候不要压得太大，刚好能包住馅料的2/3处即可，然后慢慢向上推，最后包住表皮。

情况2：月饼爆裂（图2）。

原因：内馅过湿，内馅过多，持续高温烘烤，这三种情况都可以造成月饼爆裂。

解决方法：新手可购买现成的月饼馅料；采用分段烘烤，每隔5分钟取出晾凉一下。

情况3：月饼花纹不清晰（图3）。

原因：枧水放得太多，蛋黄液刷得太多，转化糖浆煮的不够，按压月饼模的时候用的力量太小，以上四种情况都会造成花纹不清晰的结果。

解决方法：控制枧水用量；煮转化糖浆时用温度计测试温度，应达到115~118℃；按压月饼时要适度用力；刷蛋黄液用小毛刷，只刷很薄的一层。

1

2

3

附：自制莲蓉馅

材料准备

新鲜的干白莲子250克，白砂糖180克，葵花子油（或玉米油）120克，盐1/4小匙

制作关键早知道

1. 陈年莲子没有香味，故一定要用新鲜的干白莲子。
2. 即使你买的是去心莲子，也要逐颗掰开查看是否还有莲心，不然即使只有一颗莲心留下，也会使一锅莲蓉带有苦味。
3. 糖和油放的越多，莲蓉的保存期限就越长。我这个配方的糖和油都不多，所以炒好放凉后要放在冰箱冷冻保存。做好的月饼也只能在室外放一晚，需保存时放入冰箱冷藏室或冷冻室，要吃的时候提前取出回温。

制作过程

1 将白莲子提前用冷水浸泡4小时，用手掰开，去除里面绿色的莲心。

2 去心白莲放电压力锅内，加清水至没过莲子约1厘米，按下"豆类"程序将白莲压至软烂。

3 将煮好的白莲连水一起倒入搅拌机内，搅成细腻的泥状。

Tips
炒莲蓉容易煳锅，所以锅子要用厚一点的，用不粘锅最好。炒到水分有些干的时候就要开始慢慢加油，有了油的滋润，莲蓉就不太会粘锅了。

4 倒入不粘平底锅中小火慢炒，边炒边用锅铲翻动。炒到莲蓉中的水分快收干时分次少量加入葵花子油，每加一次都用铲子搅拌至油被完全吸收后再加入第二次。

5 炒至莲蓉水分变少，加入砂糖、盐，炒至砂糖溶化。

6 最后炒至莲蓉能粘在锅铲上，用手可以捏成团的干度即可。

Tips
做月饼的馅要炒干一点，用手能捏成团，不然烤的时候会鼓起来。但如果你打算用来做莲蓉包，就不能炒得太干，湿润些比较好吃。

猪猪小语

云南火腿月饼（也叫云腿月饼）是将宣威火腿最好的部分切块，配冬蜂蜜、猪油、白糖等制成馅心，再用昆明郊区呈贡县出产的面粉做皮，包好后烘烤而成的。褐黄色，略硬，酥而不散，又名"硬壳火腿饼"。食之酥、香、松，味甜中带咸，油而不腻，有浓郁火腿香味，是极受欢迎的地方美食。

工具准备

厨房秤、平底锅、硅胶铲、不粘烤盘、烤箱

材料准备

A：广式月饼粉（或中筋面粉）250克，糖粉25克，蜂蜜15克，猪油100克，泡打粉2克，清水65克

B：低筋面粉110克，云南宣威火腿350克，白糖45克，蜂蜜90克，糖粉70克，猪油50克

云南火腿月饼

用"快扫"识别图片
美食视频即刻呈现

此配方可做云南火腿月饼 14 个

制作关键早知道

1. 云南火腿在腌制过程中放了很多盐，所以在制作内馅前要把火腿浸水半小时以去除部分盐分，以免过咸。制作前要去掉猪皮。
2. 月饼的内馅和饼皮都使用了猪油，猪油熔点低，室温高时会造成粘手，因此要放入冰箱冷藏后再加工。

烤箱设置

预热温度	烘烤位置	烘烤温度	烘烤时间
180℃	中下层	180℃上下火	25~30 分钟

内馅的制作过程

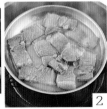

1

2

3

1. 制作熟粉：低筋面粉盛入平底锅中，小火翻炒至面粉色泽转微黄色，散发出面粉香气，即成熟粉。
2. 云腿切薄片，用冷水浸泡30分钟，捞出放烧开水的蒸锅上蒸20分钟。
3. 取出云腿片，切成黄豆大的颗粒。

4. 云腿粒加入蜂蜜拌匀，盖上保鲜膜，移入冰箱冷藏半天以入味。

5. 取出冷藏过的馅料，加入白糖、糖粉、猪油。

6. 用手将所有材料充分抓拌均匀。

7. 加入炒熟的面粉，用手抓匀。

8. 拌好的内馅如图。若室温高于15℃，需放入冰箱冷藏30分钟。

9. 将内馅分成每份25克，用手搓成圆球状备用。夏季需移入冰箱冷藏或冷冻。

饼皮的制作过程

1 制饼皮面团

将蜂蜜和糖粉放入打蛋盆中，用橡皮刮刀拌匀成膏状。

加入猪油和白糖，继续用橡皮刮刀拌匀。

筛入月饼粉和泡打粉的混合粉，用手搓匀成均匀细小的颗粒。

分3次加入清水，每次都充分混匀后再加入下一次，用手充分揉匀。

2 分割面团　　**3 擀皮、包馅**

 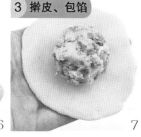

做好的面团在案板上轻揉至表面光滑，盖上保鲜膜静置松弛30分钟。夏季需入冰箱冷藏。

将面团分割成25克一份，搓成小圆球状。

面团用手按扁，擀成中间厚、边沿薄的圆形饼皮。左手拿饼皮，上面放上一颗内馅。

利用左手虎口位置将饼皮收拢，右手轻压内馅，一边转一边将饼皮向上收拢。

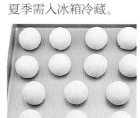 **4 烘烤**

最后将饼皮收口，整好形后将收口朝下，排放在烤盘上，互相之间要留出空隙。

烤盘放入预热好的烤箱中下层，以180℃上下火烤25~30分钟，至月饼表皮呈金黄色，等晾至温热后再将月饼取出。

 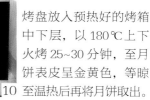

榨菜鲜肉月饼

此配方可做榨菜鲜肉月饼 9 个

肉馅材料：4分肥6分瘦的猪腿肉420克，榨菜120克，生姜1小片，香葱20克，生抽30克，细盐1/4小匙，玉米淀粉7克，鸡精1小匙，芝麻香油15克

酥皮材料

A：低筋面粉 110 克，糖粉 12 克，清水 40 克，猪油 40 克
B：低筋面粉 90 克，猪油 50 克

烤箱设置

	预热温度	烘烤位置	烘烤温度	烘烤时间
	180℃	中层	180℃上下火	20分钟

工具准备

厨房秤、绞肉机、手动打蛋器、圆形刮板、擀面棍、烤箱

准备工作

1. 榨菜用清水浸泡20 分钟以去除盐味，切碎。
2. 香葱切碎。

262

肉馅的制作过程

1　猪腿肉切小块，放绞肉机中，加生姜，绞碎。

Tips

绞肉时不要搅绞得太碎，有些颗粒感会更有嚼劲。加姜可以去腥增香，但量不要过多。

2　绞肉放入大盆内，加入盐、玉米淀粉、生抽，用筷子顺时针方向搅拌至起胶。

Tips

3　加香葱和榨菜碎搅匀，最后加入鸡精、芝麻香油，用筷子顺时针方向搅拌均匀即成肉馅。

4　将肉馅分成每份35克，用汤匙团成圆球状，放入冰箱冷冻30分钟。

1. 加入一些玉米粉可以增加肉馅的黏性，帮助肉馅起胶。
2. 做好的肉馅先冷冻一会儿会比较好包，不然包的时候容易露馅。
3. 包馅时一定不要让饼皮的边缘粘到肉馅或油，否则收口就粘合不起来了。

酥皮的制作过程

1　调制面团

参照本书 p.244 蛋黄酥中水油面团和油酥面团的做法制好两种面团，分别盖保鲜膜，静置松弛 1 小时。

2　反复擀卷

暗酥

两种面团分别均匀分割成 9 个剂子，搓成球形，经过松弛和反复擀卷（参照本书 p.244 蛋黄酥的做法），擀成四周薄、中间厚的圆饼。

3　包馅

3　包入冷冻过的肉馅，将面皮向上收拢。

4　最后把收口反复捏紧，以免在烘烤的时候肉馅爆出来。

4　整形

5　烘烤

5　将面团收口朝下摆放在烤盘上，用手压扁，用印章粘上红色色素，在饼上盖上红印，静置20分钟。

6　烤盘放入预热好的烤箱中层，以 180℃上下火烤 20 分钟即可。

奶皇冰皮月饼

用"快扫"
识别图片
美食视频即刻呈现

冰皮月饼色泽晶莹，口感软糯，是一款少油少糖的健康月饼，深得老人和孩子们的喜爱。这种月饼的做法不难，也不需要用烤箱烘烤，你不想来试试吗？

循循小语

工具

厨房秤、75克月饼模具、不粘蛋糕模、打蛋盆、手动打蛋器、过滤网筛、硅胶铲、一次性手套、电磁炉、蒸锅、保鲜膜、羊毛刷

酥皮材料　　此配方可做奶黄冰皮月饼 10 个

A：全蛋125克，澄粉40克，吉士粉25克，全脂奶粉53克，清水110克，细砂糖110克，黄油40克

B：糯米粉100克，粘米粉65克，澄粉50克，牛奶300克，动物淡奶油30克，色拉油50克，细砂糖70克，色素少许

C：熟糯米粉20克（将糯米粉平铺在烤盘上，用烤箱150℃烤10分钟）

准备工作

1. 将 A 料中的澄粉、吉士粉、奶粉混合，过筛。

2. 将 B 料中的糯米粉、粘米粉、澄粉混合，过筛。

<h2 style="text-align:center">食材介绍</h2>

1. 澄粉也叫澄面或小麦澄面，是将面粉加工洗去面筋，然后将洗过面筋的水粉再经过沉淀、滤干水分，最后粉晒干后研细所得的粉料。添加在饼皮中可以增加透明度，制作出的面点晶莹透亮，脆滑爽口。
2. 糯米粉是指将糯米经过浸泡、晒干，然后磨制而成的米粉。用它制作的成品香糯黏滑，易于消化吸收。糯米粉是制作冰皮月饼的饼皮的主要原料。
3. 粘米粉又叫大米粉或籼米粉，是普通大米经过浸泡、晒干，再磨制而成的米粉。因为糯米粉弹性太强，印出来的花纹会很快消失，而且成品容易塌陷，所以要适当添加一些粘米粉以帮其定形。

内馅的制作过程

1. 全蛋放打蛋盆中，加细砂糖搅匀。
2. 加清水，边加水边搅拌均匀，加入筛过的粉类（准备工作1）搅匀成蛋面糊。
3. 黄油隔水熔化成液态，加入蛋面糊中搅拌均匀，用网筛过滤一次。
4. 锅内放温水，开小火，放入盛蛋面糊的盆隔水加热，边加热边不停地搅拌。
5. 加热至蛋面糊变得浓稠，挂在打蛋头上不易掉下来，即为奶黄馅。
6. 做好的奶黄馅分成每份约37克，做成团状，盖上保鲜膜，放入冰箱冷藏备用。

Tips

在隔水加热奶黄馅的时候，要一手戴隔热手套扶着盆，另一手用手动打蛋器搅拌。开始时温度上升会比较慢，等温度越来越高时盆底的面糊会最先结块，所以要不时用手动打蛋器把盆底的面糊搅起来。做好的馅料要用手可以捏成团，如果太稀的话包馅的时候不好包，并且整好形的月饼也容易塌陷。

饼皮的制作过程

1 制饼皮面团

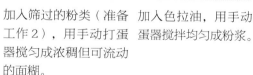

将牛奶倒入小锅中，加入细砂糖，开小火煮至沸腾。

将小锅端离火，加入动物鲜奶油搅拌均匀。

加入筛过的粉类（准备工作2），用手动打蛋器搅匀成浓稠但可流动的面糊。

加入色拉油，用手动打蛋器搅拌均匀成粉浆。

5

取不粘蛋糕模具，倒入做好的粉浆。

6

蛋糕模具放入蒸锅中，下面注入冷水，盖上锅盖，中火蒸 20 分钟。

7

取出，在模具上盖上保鲜膜，移入冰箱冷藏 30 分钟。 Tips

8

取出蒸好的面团，装入厚实的食品袋中，放在案板上，用手反复按压、搓揉，直至成光滑的面团。

饼皮面团热的时候是很粘手的，可密封后放入冰箱冷藏 1 小时再操作。操作时戴一次性手套，包馅后要滚少许熟粉，都有助于防粘。

9

如果你喜欢有颜色的冰皮月饼，这时可以用牙签挑一点食用色素，放在面团里，反复按压、搓揉，至色素充分混入面团中。

10

将面团分成每份约 37 克。取 1 块面团，上下各盖 1 张保鲜膜，用擀面棍擀成圆饼状。

2 包馅

11

戴上一次性手套，拿起面饼，包入 1 份奶黄馅用手包紧。

12

捏紧收口，成圆球状，放入盛放熟面粉的碟子中，均匀滚少许熟粉，用手滚圆，即为馅料。

3 入模

13

用羊毛刷在月饼模具上刷一层熟粉，轻轻在案板上磕掉多余的粉。

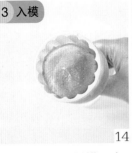

14

把馅料放入月饼模具中，光滑的一面在模具内，收口朝外。

15

用双手拇指把饼按压平整。

4 脱模

16

把饼模扣在盘子上，轻轻推出，奶黄冰皮月饼就做好了。 Tips

冰皮月饼刚做好的时候是很软而糯的，故应密封放入冰箱冷藏 1 小时后再食用。这个过程中一定要注意保湿，在空气中暴露时间长了，表皮就会变干、变硬、开裂。饼皮的含水量决定了月饼可以冷藏多久不变硬，含水量越多则保持柔软的时间越长，但同时也就越粘手。

蜜汁猪肉脯

烤箱设置

预热温度	烘烤位置	烘烤温度	烘烤时间
180℃	中层	180℃上下火	（15+15）分钟

预热温度	烘烤位置	烘烤温度	烘烤时间
140℃	中层	140℃上下火	5分钟

Tips

我用的是边长为28厘米的烤盘，给出的原料的量要分两次烤，每次烤一半。若你用的烤盘尺寸不同，则对应每次可以烤制的肉糜量也不同，要根据实际情况调整。

准备工作

1. 猪腿肉洗净，沥干水分并晾干，去肉皮、筋膜，切小块。
2. 红曲粉放碗中，加5克清水，调匀成糊状。

猪猪小语

您是否买过价格便宜又好看的猪肉脯？看起来很诱人，在室温下放两个月都不会坏，里面加了多少添加剂无从得知。

我尝试了两种原料，第一次用带点肥肉的猪腿肉，手工剁细；第二次用全瘦的里脊肉，厨师机绞细。我个人感觉，还是带点肥肉的猪腿肉吃起来更香，用厨师机绞的肉更细。

工具准备

厨房秤、UN10006方形不粘烤盘、羊毛刷、擀面棍、多功能厨师机、烤箱、锡纸、保鲜膜

材料准备

略带肥肉的猪腿肉510克，高度白酒3克，细盐3克，生抽10克，鱼露5克（或蚝油），黑胡椒粉1克，白砂糖20克，红曲粉3克（可免），玉米淀粉7克，刷酱50克（蜂蜜40克加温开水10克混匀）

制作过程

1

将猪腿肉尽量剁细。

2

肉糜放碗中，加盐、鱼露、黑胡椒粉、白糖、红曲粉糊、玉米淀粉。

3

用筷子拌一下，顺一个方向搅拌至猪肉起胶。

4

将烤盘倒扣，根据烤盘的大小裁出一张锡纸。

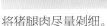

Tips

1. 肉一定要充分晾干。
2. 肉剁细点，加少许玉米淀粉搅拌，可以让肉更容易起胶，这是肉脯成型的关键。
3. 加调料时不要加太多水分，否则肉容易散开不成形。加调料后不要来回搅，顺一个方向搅拌才能使肉起胶。

5

锡纸平铺，涂一薄层植物油，将一半肉糜放在锡纸上用手推展开。

6

在肉糜上铺一张保鲜膜，用擀面杖将肉糜擀成薄厚均匀的片状。

7

将肉糜连同锡纸一起放入烤盘中，撕去上面的保鲜膜。

8

烤盘放入预热的烤箱，以180℃上下火烤15分钟，取出刷一次蜂蜜水，将肉翻面后再烤15分钟，再刷一次蜂蜜水。

Tips

如果烤箱带有"热风循环"功能此时要打开，可以更容易风干肉中的水分。

9

将烤好的肉脯取出，两面刷上蜂蜜水，放置在烤网上。

10

将烤网放入烤箱中层，底下插烤盘，再以140℃上下火将两面各烤5分钟，取出撕去锡纸即可。

法式草莓水果软糖

用"快扫"
识别图片
美食视频即刻呈现

工具准备

不粘模具、不粘锅、硅胶铲、针式温度计、脱模刀、不粘磅蛋糕模具（1个，8厘米宽、16.5厘米长、5.5厘米高）

材料准备

A：草莓190克

B：苹果胶7克，细砂糖20克

C：水饴40克，细砂糖140克

D：鲜榨柠檬汁15克

E：色拉油、细砂糖各适量

准备工作

1. 取E料，在模具上薄薄地刷一层色拉油，再在底部均匀撒一层细砂糖，放置备用。
2. B料放小碗内，混匀备用。

猪猪

你可以根据自己的喜好，决定用砂糖或是椰蓉来粘裹糖块，两者都可以起到防粘的效果，但使用砂糖味道会更甜。

制作过程

1

草莓择洗净，切小块，入搅拌机搅成泥状。要多搅会儿，尽量搅打至均匀无颗粒。

2

将草莓泥倒入不粘锅内，开小火煮至40℃，端离火口。

3

加入混好的苹果胶，用硅胶铲搅拌均匀，继续用小火煮至草莓酱开始冒起小气泡，加入C料。

Tips

煮糖浆最好是选用不粘锅，因为煮到后期水分收干时会非常粘锅。在煮的时候也要不停地用硅胶铲搅拌，以防糊底。

4

继续用小火煮，边煮边搅拌，果酱会越来越浓稠，至温度达到107℃时熄火，迅速加入柠檬汁搅拌均匀。

5

立即将混好的果酱倒入模具内，晃平后移入冰箱冷藏4小时以上，取出模具，四周用脱模刀小心裁开，再用脱模刀撬起糖块。

6

在取出的糖块外面再撒一层细砂糖防粘，用小刀切成1.5厘米见方的正方形块，切口处也撒上细砂糖，放入密封盒子里冷藏保存即可。

猫爪棉花糖

工具准备

厨房秤、28 厘米方形不粘烤盘、小号打蛋盆、小奶锅、温度计、橡皮刮刀、电动打蛋器、裱花袋、6 毫米圆口裱花嘴、2 毫米圆口裱花嘴

材料准备

A：吉利丁片1片，水饴47克，细砂糖37克，清水20克，清水100克

B：蛋白35克，细砂糖10克，柠檬汁5滴

C：玉米淀粉200克，红色色素少许

准备工作

鸡蛋从冰箱取出，回温至室温，洗净晾干。

Tips

水饴是一种液态麦芽糖，外观澄净如水，洁净透明，甜味温和，无色或微黄色，粘稠。水饴属于中转化糖浆，比蔗糖甜度低而黏度高，更温和，口溶性较好，有天然的增稠作用，在甜品和糖果中加入能够改善成品的组织结构。做全蛋海绵蛋糕也很好用，添加这种糖浆后，蛋糕的绵密度更好。

制作过程

1

玉米淀粉铺在烤盘上。

Tips

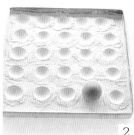

2

用鸡蛋在烤盘上印上一个个圆形的小坑。

3

吉利丁片加100克清水浸泡至软（A料）。

4

蛋白放入打蛋盆中，加柠檬汁、细砂糖，打发至硬性发泡（B料）。

玉米淀粉在这里起到防粘的效果，用完的玉米淀粉可以收集起来下次再用。

5

细砂糖、水饴放入小奶锅中，加清水20克，小火煮至118℃（A料）。

Tips

糖浆煮到105℃以后升温变慢，要耐心等待，达到118℃时立即离火，否则糖浆会变硬，色泽也变深。

6

捞起吉利丁片沥干水，放入煮好的糖水中，用橡皮刮刀搅拌均匀。

7

糖浆倒入打发的蛋白中，用电动打蛋器高速搅打。

Tips

倒煮好的糖浆时注意不要淋到打蛋头或盆边，不然会造成糖浆结块。将糖浆倒在蛋白中间，趁热快速搅匀。如果蛋白温度低于50℃，就会越打越稀。

8

打至蛋白硬性发泡，棉花糖就做好了。

9

裱花袋装入6毫米圆口裱花嘴，灌入做好的白色棉花糖。

10

在烤盘上的圆坑中挤入白色棉花糖，挤成一个个圆形。

11

取少许白色棉花糖，加入红色色素，用筷子搅匀。另取裱花袋，装入2毫米圆口裱花嘴，灌入红色棉花糖。

12

在白色棉花糖上挤上红色的小圆点做成猫爪样。做好后把烤盘放入冰箱冷藏1小时，取出筛上玉米淀粉防粘即可。

花生牛轧糖

工具准备

不粘烤盘、中号打蛋盆、圆形刮板、橡皮刮刀、电动打蛋器、不粘汤锅、温度计、烘焙油布、擀面棍、利刀

材料准备

花生 250 克，黄油 40 克，奶粉 100 克，蛋白 30 克，麦芽糖 250 克，清水 40 克，白砂糖 100 克，盐 2.5 克（1/2 小匙）

制作过程

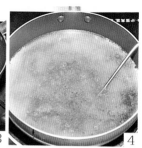

花生平铺在不粘烤盘里，放入预热至150℃的烤箱中层，以150℃上下火烤12分钟。

取出烤盘，花生晾至常温后用手搓去皮，放回烤箱以90℃保温。 **Tips**

要等完全冷却后去皮。如果皮搓不下来，可再烤3~5分钟。搓好后用风扇或电吹风吹掉搓下来的花生皮。

黄油放入不锈钢小碗内，隔热水加热成液态，放在温水中保温。

将清水、麦芽糖、白砂糖、盐放入不粘锅内，开小火熬煮。 **Tips**

必须用深口不粘锅，不然糖浆沸腾时会溢出来。

糖浆温度达到100℃时开始打发蛋白，打至硬性发泡（详见本书p.22）。盆底要垫一盆40℃的温水保温。

糖浆会越煮越浓稠，测量糖浆温度达到140℃时离火。 **Tips**

将糖浆倒入打好的蛋白里，注意一定不要倒到盆边或打蛋头上。

接着用电动打蛋器快速搅拌均匀。

糖浆的温度决定糖的软硬度。当糖浆温度在120℃左右时，做出来的糖是软糖；温度达到140℃时做好的糖是硬糖。

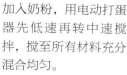

加入奶粉，用电动打蛋器先低速再转中速搅拌，搅至所有材料充分混合均匀。

气温低时糖浆很快变硬，放入花生后难以拌匀，要在打蛋盆下垫盆温水保温，花生和黄油也要注意保温。

加入去皮花生粒，用橡皮刮刀翻拌匀。如果太硬不好拌，可以使用圆形刮板。 **Tips**

趁热将拌好的花生糖平铺在油布上。 **Tips**

花生糖热的时候很粘手，所以要铺垫不粘性能最好的油布，不能用油纸等代替。

再在花生糖上面铺一张油布，用擀面棍擀平整，待花生糖自然冷却后用利刀切件，立即用糖纸包起来密封。

松露巧克力

材料准备

A：70%黑巧克力100克，33%牛奶巧克力60克，动物鲜奶油85克，黄油8克

B：70%黑巧克力120克，33%牛奶巧克力30克

C：无糖可可粉30克

工具准备

不锈钢盆、小号橡皮刮刀、8毫米圆口花嘴、巧克力叉、油布

制作关键早知道

1. 单独使用70%的黑巧克力会很苦，大部分人都无法接受，所以我用了一部分33%的牛奶巧克力。您也可以全部使用55%的黑巧克力制作。

2. 粘裹用的可可粉要多备些，量太少的话不容易粘满巧克力球。用剩下的可以用瓶子收集起来，下次再用。

制作过程

1

取 A 料中的黑巧克力和牛奶巧克力、动物鲜奶油一同放入不锈钢碗内，隔50℃温水加热（A 料）。

Tips

黑巧克力的最佳熔化温度是50℃，如果超过这个温度，巧克力容易出现油水分离现象。

2

边加热边用小号橡皮刮刀沿顺时针方向搅拌。

3

直至巧克力变成光滑、细腻的酱状，趁热加入黄油（A 料）拌匀。

4

置于室温下自然冷却至用刮刀刮起不再流淌，用橡皮刮刀顺时针方向充分搅匀。

Tips

巧克力内心的材料熔化后最好是放在室温下自然冷却，这样做出来的巧克力会比较幼滑。如果赶时间，也可以放到冰箱冷藏至半凝固，取出来再用橡皮刮刀充分搅匀。

5

取小号裱花袋，装上直径8毫米的圆口花嘴。

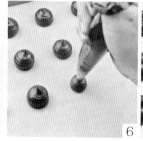

6

在烤盘上铺上不粘油布，将巧克力挤成半球形。

7

用汤匙将球形上端的尖角压平整，移入冰箱冷藏30分钟即为巧克力内心。

8

取 B 料中的黑巧克力和牛奶巧克力放入不锈钢碗内，隔50℃温水加热（B 料）。

9

边加热边用橡皮刮刀沿顺时针方向搅拌，直至成光滑的酱状。

10

用巧克力叉将巧克力内心（过程7）放入巧克力酱中，均匀地裹上一层巧克力酱。

11

蘸好后放在铺满可可粉的盘子上，等巧克力酱略冷却。

12

用手推巧克力球滚动，使其粘满可可粉即可。放入密封盒里放冰箱冷藏保存。要食用前提前回温1小时，才能吃到外脆内软的松露巧克力。

缤纷果冻芝士杯

用"快扫"
识别图片
美食视频即刻呈现

猪猪小语

炎炎夏日，这晶莹透亮、清凉爽口的果冻杯一定会成为家人的最爱。看起来很高大上的芝士杯，其实做法并不难，最适合带着孩子一起动手做了。从小培养孩子对厨艺的兴趣，对他的成长也会有帮助的哦。

Tips

1. 除了可以把果冻层倒进杯子里，还可以倒进各种形状可爱的硅胶模具里面，这样脱模就更方便了。
2. 夏季室温过高的时候，果冻很容易软化，最好是不要脱模，直接用杯子装着食用。

工具准备

果冻杯、打蛋盆、电动打蛋器、小奶锅

材料准备
此配方可做缤纷果冻芝士杯 4 杯

果冻层材料：吉利丁片3片，凉开水150克，细砂糖100克，市售葡萄果汁（或你喜欢的任意果汁）150克，柠檬汁10克，草莓果肉120克，芒果果肉70克，蓝莓25克

芝士层材料：奶油奶酪120克，酸奶50克，动物鲜奶油80克，蜂蜜10克，细砂糖50克，吉利丁片1片，冷水15克

果冻层的制作过程

1

吉利丁片用100克冰水浸泡至软。

2

锅内倒入水和细砂糖，煮至即将沸腾时熄火，搅拌至砂糖完全溶化。

3

吉利丁片从冰水中捞起，趁热加入糖水中，搅拌均匀。

4

将糖水倒入碗中，加入葡萄果汁及柠檬汁。

5
连盆一起放入冰水中，边搅边冷却成果冻液。

Tips

果冻液要冷却后再倒入鲜果中，太热的话会把水果烫熟，色泽变差，口感也不爽脆。

6
杯中倒少许果冻液，放冰箱冷冻 10 分钟，取出装入一半鲜果粒，再倒入果冻液使没过果粒，移入冰箱冷冻 10 分钟。

7
取出再放入剩下的果粒，倒入果冻液，再移入冰箱冷冻 10 分钟。

Tips

如果一次性倒入果冻液，鲜果会漂浮起来，不能均匀悬浮在果冻液中，因此分成两次倒入。每次倒入果冻液都要没过果粒，并要等凝固后再倒第二层。

8
待果冻层表面已凝固后放到冰箱冷藏室备用。

芝士层的制作过程

1
奶油奶酪切成小块，放入盆内，加入细砂糖，隔热水加热 10 分钟。

2
吉利丁 1 片用冰水 50 克浸泡至软，捞出放入盆内加入清水 15 克隔水加热熔化成液态。

3
把吉利丁溶液加入软化的奶油奶酪中。

4
用电动打蛋器搅打均匀，直至没有明显的颗粒。

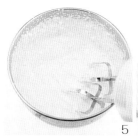

5
加入淡奶油搅匀，再加入酸奶、蜂蜜搅匀，即成芝士糊。

6
取出果冻杯，待芝士糊温度接近体温时倒入果冻杯里面，倒满，再放入冰箱冷藏 1 小时。

7
可直接食用，也可脱模后食用，脱模操作：盆里倒入 60℃温水，放入果冻杯隔水加热 1 分钟。

Tips

8
用小抹刀沿着杯边芝士的位置划一圈，把杯子倒扣在盘上，扣出即可。

Tips

一定不要在温水中放太久，否则一整杯果冻就化掉了。浸泡热水的时间要视室内温度和热水的温度而定。

芝士部分不好脱模，所以要用小抹刀划开。

工具准备

电动打蛋器、大号裱花袋、温度计、橡皮刮刀、手动打蛋器、玻璃杯

此配方可做白天使慕斯2杯

材料准备

A：吉利丁片2片，清水25克，覆盆子果泥100克，草莓果酱50克，细砂糖20克

B：奶油奶酪25克，酸奶40克，柠檬皮碎1/8小匙，动物鲜奶油125克

C：蛋白1颗，细砂糖50克，清水15克

D：冰水50克

Tips

我用的覆盆子果泥是从网上买的冷冻果泥，如果没有话可以用草莓泥、芒果泥来代替，但是风味就完全不同了。果泥中还要加入市售草莓果酱，以增加风味和甜度，使口感更好。

白天使慕斯

猪猪小语

这道甜点，是我认为最好吃的的一道甜点，轻盈细腻的芝士慕斯，一入口让人有想飞的感觉。虽然制作上比较麻烦，但也是很值得的。这是我第一次使用覆盆子（红梅）做甜点，真的被它的美味震撼到了，难怪它会成为法式点心中最常用的一种水果。

准备工作

1. 奶油奶酪提前从冰箱取出，置于室温下软化。
2. 用柠檬刀刮取柠檬表皮，只要黄色的部分，千万不要刮到白色部分，会有苦味。

制作过程

1 制果冻层

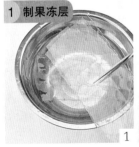

1

冰水50克（D料）放入不锈钢盆中，将吉利丁片2片用剪刀对半剪开，泡入冰水中。

2

浸泡约10分钟至吉利丁片变软。

3

将吉利丁片捞起，放入盆内，加入清水25克，隔热水加热，至溶化成液态备用。

4

覆盆子果泥用搅拌机搅一下，加入草莓果酱、细砂糖，用电动打蛋器搅拌均匀至无颗粒。

5

将溶化的吉利丁水倒入果泥中。

6

用电动打蛋器搅拌均匀，即完成红色果酱部分。将红色果酱装入大号裱花袋中。

7

取深烤盘，上面垫毛巾防滑，斜放上玻璃杯，将红色果酱挤入杯中，要挤到杯口位置。将玻璃杯连烤盘一同放入冰箱，冷藏30分钟备用。

2 制奶油奶酪馅

8

B料中的动物鲜奶油用电动打蛋器低速搅打至八分发，即提起打蛋头时带起的奶油尖是下垂的。

9

B料中软化好的奶油奶酪加酸奶搅打成膏状，加入柠檬皮碎搅匀。

10

加入打发的动物鲜奶油，用电动打蛋器的低速搅匀，不要过度打发，即成奶油奶酪馅。

3 打发糖浆蛋白

11

将C料中的细砂糖、清水放入小奶锅中，中小火加热。

12

煮糖浆的同时用电动打蛋器低速搅打蛋白，打至湿性发泡即可（参照本书 p.22）。

13

当糖浆温度达到116℃时，将糖浆分2次倒入蛋白中，每加入一次都要用电动打蛋器快速搅打均匀，打好的蛋白，提起打蛋头时是呈弯钩状的。

4 制慕斯层

14

将打发好的蛋白加入做好的奶油奶酪馅中，用电动打蛋器低速搅打。搅打均匀即成白色慕斯，如图是半固态的。

Tips

15

取出冷藏的玻璃杯，将白色慕斯用橡皮刮刀装入杯中，填满即可。

5 装饰

16

将玻璃杯直立放入冰箱，冷藏1小时后取出，用对半切开的红葡萄和薄荷叶装饰在表面上即可。

白色慕斯部分采用了意式蛋白霜的做法，因为添加了高温的糖浆，可以给生蛋白高温杀菌，而且可以使蛋白霜更稳定，不易消泡。将其添加在慕斯当中，口感轻盈细腻。

工具准备

厨房秤、搅拌盆、电动打蛋器、裱花袋、大号圆形花嘴、慕斯杯（4个，顶部直径75毫米，底部直径52毫米，高70毫米）

材料准备

消化饼干150克，动物鲜奶油350克，炼乳65克

> 此配方可做澳门木糠杯蛋糕4杯

准备工作

将动物鲜奶油提前至少8小时放入冰箱冷藏室冷藏备用。

澳门木糠杯

制作过程

1

饼干用手掰成小块，放入搅拌机中搅碎。可使用机器的"点动"功能，多搅几次。也可将饼干掰碎，装入塑料袋中，用擀面棍多擀几次擀碎。

2

鲜奶油放搅拌盆中，用电动打蛋器低速搅一下，转高速搅打至成半固体的状态。

3

加入炼乳，用电动打蛋器低速搅3秒钟左右至炼乳和淡奶油混匀。

Tips

动物鲜奶油打至六分发的时候再加入炼乳，这样比较容易打发。加入炼乳后就不要再过度搅拌了，六分发的鲜奶油比十分发的口感要更嫩滑。

4

用汤匙挖一些饼干屑，平铺在慕斯杯底。裱花袋装上花嘴，将打发的鲜奶油装入裱花袋中，在幕斯杯内挤一圈奶油。

5

在奶油上再撒一层饼干屑，再挤一圈奶油。每铺一层饼干屑，都要用汤匙压平整。

6

就这样一层饼干屑、一层淡奶油，将慕斯杯装满。移入冰箱冷藏1小时后即可食用。

炼乳冰激凌

猪猪小语

这款冰激凌的材料很简单，做法更简单，而且不易起冰渣，即使冻一晚也不会很硬，快跟我一起学起来吧。

工具准备

打蛋盆、手动打蛋器、挖球器

材料准备

牛奶 150 克，动物鲜奶油 150 克，雀巢炼乳 100 克

Tips

我使用的是雀巢炼乳，有的品牌的炼乳会比较甜，可以减少 10~20 克的炼乳量。

制作过程

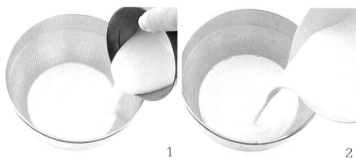

1

取打蛋盆，倒入牛奶和炼乳。

2

再倒入动物鲜奶油。

Tips

用挖球器从表面开始挖，直到挖成圆球形即可。如果太硬不好操作，可以提前放冰箱冷藏 20 分钟后再挖。

3

用手动打蛋器搅拌均匀，移入冰箱冷冻一夜。第二天取出，用挖球器挖成球形，装入冰激凌杯中，点缀水果即可。

椰香冰激凌

![猪猪头像] 猪猪小语

市售冰激凌中通常会加入很多添加剂，为了降低成本、提升口感和易于保存，还会用乳清粉和清水代替鲜奶油和牛奶，用玉米糖浆代替纯砂糖，添加氢化植物油、酥油、香精、乳化剂等，这样做好的冰激凌不易起冰渣，口感香滑细腻。经常摄入添加剂，对身体健康是不利的，但是在炎炎夏季，人们又实在馋冰激凌，怎么办？自制冰激凌，可以让家人吃得开心、放心。

材料准备

鸡蛋黄2颗（约40克），牛奶150克，细砂糖54克，椰浆150克，动物鲜奶油160克，糖粉16克

工具准备

硅胶铲、网筛、电动打蛋器、手动打蛋器

制作关键早知道

1. 蛋黄是天然的乳化剂，添加蛋黄可以使冰激凌更香醇、口感更柔顺。但是，鸡蛋可能被沙门氏菌污染，因此不能直接用生鸡蛋制作，而是要加入牛奶中煮成蛋奶浆再使用。
2. 如果有一台冰激凌机，效果会更好。把做好的冰激凌放入机器里，再把机器放入冰箱冷冻一晚上，第二天开启机器搅拌冰激凌，机器能把冰激凌搅拌得很均匀，而且不易软化，还能搅拌进去更多的空气，使冰激凌不易起冰渣。

制作过程

牛奶和细砂糖倒入小锅，加入打散的蛋黄。

搅匀后小火煮制，边煮边用硅胶铲搅拌锅底。

煮至温度达75℃时马上端离火。

Tips

蛋液温度一旦超过80℃，就会煮熟变成蛋花。

将煮好的蛋奶浆用网筛过滤，盖上保鲜膜，移入冰箱冷藏至变冷。

将椰浆倒入蛋奶浆中，用电动打蛋器搅匀。

将动物鲜奶油倒入打蛋盆中，加入糖粉，用电动打蛋器打至九分发（详见本书p.26），不要打得过于干硬。

把打发的鲜奶油放入加了椰浆的蛋奶浆中。

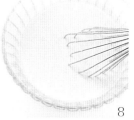

用手动打蛋器把所有材料搅拌均匀，移入冰箱冷冻。

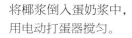

每隔2小时取出一次，用电动打蛋器先低速再中速搅拌。

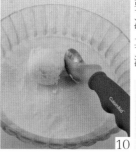

要食用前把冰激凌先放冰箱冷藏20分钟，使其有少许解冻，再用冰激凌勺盛出来即可。

Tips

自制冰激凌刚冻好的时候会比较硬，用勺子挖不动，所以要先放冷藏略解冻一下才能轻松挖出来。

蛋糕华夫饼

 猪猪小语

蛋糕华夫饼香脆可口，再配上枫糖浆和巧克力酱，就是一道丰盛美味的早餐了。

这款华夫饼因为是用蛋白打发制成的，刚煎好时脆脆的，如果冷却后不慎受潮变软，就会有点像蛋糕的味道，也很好吃。

工具准备

厨房秤、面粉筛、电动打蛋器、大号裱花袋、橡皮刮刀、小号打蛋盆、烤盘

材料准备　　　　此配方可做蛋糕华夫饼 6 块

A：蛋白2颗，细砂糖30克

B：蛋黄2颗，黄油15克，牛奶50克，低筋面粉60克，香草精1/8小匙

准备工作

将鸡蛋从冰箱里取出，在室温下回温，分开蛋白和蛋黄，分别放入干净的、无水无油的打蛋盆中。

Tips

刚煎好的饼是很脆的，如果不马上食用，可放凉后装入盒子里密封保存。如果长时间放室外，就会吸潮变软，变得像蛋糕一样。

制作过程

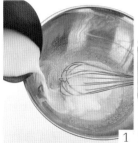

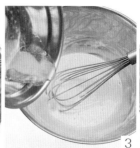

1 蛋黄用手持打蛋器搅散，加入牛奶，继续用手持打蛋器搅散。

2 将低筋面粉用面粉筛筛入盆中，用手持打蛋器划圈搅匀成面糊状。

3 加入香草精和隔水溶化成液态的黄油搅匀。

4 蛋白中分2次加入细砂糖，用电动打蛋器中速打至九分发（详见本书p.22）。

5 取一半的蛋白霜，加入蛋黄糊里，用橡皮刮刀翻拌均匀。

6 再倒回剩下的蛋白霜中，用橡皮刮刀翻拌均匀成光滑的面糊。

7 用电陶炉将华夫模具两面各预热1分钟。

8 裱花袋放入高筒杯里，倒入蛋糕糊，然后在裱花袋尖端剪一个口子。

Tips

在煎饼之前一定要先把模具预热，如果冷模是冷的，倒入的面糊就容易粘在模具上。刚开始煎的时候大约每面要煎2分钟，到后面模具会越来越烫，煎饼的时间可以适当缩短。

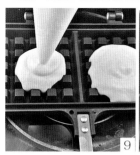

9 将面糊挤在模具的中心，挤成一个圆形，盖好上盖。

10 华夫模具设置为5档火力，将两面各煎2分钟，打开盖子时华夫饼能自动脱模就烤好了。

11 用筷子小心地将华夫饼夹出来，淋巧克力酱或蜂蜜或枫糖浆食用。

错误示范：
在饼还没煎熟的时候就打开模具，煎饼会分成两片。

Tips

1. 这个配方及做法做出的面糊膨胀力较好，如果挤得太满会从旁边溢出来，所以我只在模具中间挤个圆形。

2. 如果打开模具时煎饼粘在模具上，说明煎的火候不到，火候到了是很容易脱模的，用筷子轻轻一夹就起来了。如果不能判断华夫饼是否已熟，可以在侧边打开一条缝看一下，不要贸然揭开。

马卡龙 MA KA LONG

猪猪小语

马卡龙是一款经典的法式甜点，好吃的马卡龙外酥里糯，甜而不腻。它的外壳光滑，底部有一圈蕾丝般的裙边，可以变换各种颜色，夹上各种口味的内馅。它美好的外观让人们给了她一个更美丽而形象的名字——少女的酥胸。

因为马卡龙的成功率很低，即使是从法国学习回来的大师也不能保证百分之百的成功率，所以它的售价一直很高。马卡龙让多少烘焙爱好者迷恋，甚至为之疯狂，以至于烘焙界流传着这么一句话——小马虐我千百遍，我爱小马如初恋。

马卡龙的制作对材料、工具、操作手法和烘烤温度要求都十分严苛，稍不留意就会遭遇失败，我自己也被虐了上百次之多，浪费了无数材料。不过，最终看到了美丽的成品，并且女儿和妈妈都超爱吃，什么辛苦都值得了。

工具及要求

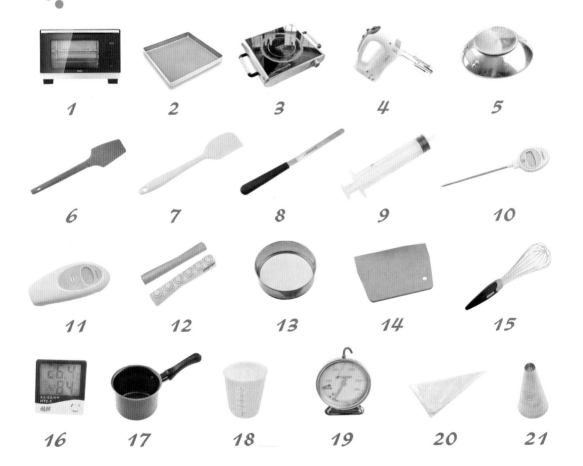

1　　　2　　　3　　　4　　　5

6　　　7　　　8　　　9　　　10

11　　　12　　　13　　　14　　　15

16　　　17　　　18　　　19　　　20　　　21

1	烤 箱	选择一台密封性好，温控准确的烤箱。有的烤箱温度突忽不定，会突然变温，就很容易造成失败。所以在烤制前要多做烤箱测温以相应调整，使温度准确。
2	烤 盘	选择防粘的、平坦无痕迹、传温性能好的烤盘，不能有坑坑洼洼。
3	电陶炉	用来熬煮糖浆，因为电陶炉可以适用任何锅底，而且火力散布均匀，所以是最佳选择。如果使用一般的煤气炉也可以，但要注意保持中火。火力大或小都会影响到糖浆的品质。
4	电动打蛋器	要选用一把能持久工作的、功率较大的电动打蛋器，以免中途停止工作造成失败。
5	电子秤	要选择精准到 0.1 克的，有去皮功能的。
6	硬质硅胶刮刀（或铲）	因为制作意式马卡龙 TPT 比较硬，在搅拌时需要用很大力，所以要选择一把光身、无凹槽、硬质的硅胶刮刀。
7	小号硅胶刮刀	在取打发好的蛋白时，最好另外用一把小硅胶刀来取，以免大刀上粘上 TPT，造成混合不均匀。
8	小号蛋糕抹刀	在混合 TPT 和蛋白时，TPT 会粘在大刮刀上，要不时地用小抹刀把 TPT 刮干净，以保证全部材料都能和蛋白混合均匀。
9	大号针筒	新鲜的蛋白会很黏，容易一次就倒出过多的量，所以我用针筒来抽取蛋白，这个方法可是大麦茶老师的不传之秘啊（嘘，别被她听到），真的超方便。
10	温度计	准备一个精准的探针式或座式温度计，最好能买两个，测试比较下看哪个更准确些，因为有的温度计测量的温差能达到5℃之多。在做马卡龙的过程中，如果糖浆熬不到117℃，则对成品会有很大的影响。
11	红外线温度计	当糖浆倒入蛋白中后，一旦温度下降至 38℃后，再打发蛋白就会越打越软，越打越稀，造成打发过度。使用红外线温度计可以比较精准地测量，随时掌握蛋白的温度。
12	耐高温油布和马卡龙硅胶垫	烤马卡龙最好的底垫是烘焙油布，它的防粘性、导热性好。马卡龙硅胶垫上有圆形图案，可以在图案上挤得很整齐。通常我把它垫在油布下面，按照印出的图案挤面糊。如果直接挤在马卡龙硅胶垫上烘烤，那么烘烤的时间要略延长 1~2 分钟。
13	面粉筛	杏仁粉的颗粒较粗，所以要选择网眼较粗，也就是目数较大的面粉筛。
14	刮 板	在过筛时使用刮板帮助过筛，比用手要方便卫生。
15	手动打蛋器	蛋白中加入色素后，用手动打蛋器帮助搅匀。

16 湿度计   制作马卡龙对湿度的要求也很高，湿度大时马卡龙不易晾干，故需要根据湿度来调整糖浆的温度。

17 小奶锅   要选用 11 厘米不粘小奶锅。因为糖浆分量少，用大锅煮很容易干锅。

18 高杯   挤面糊前要把裱花袋套入高的杯子内，这样操作起来很方便。可使用任何款式的高杯。高杯的材质无关紧要。

19 烤箱温度计   制作马卡龙对烤箱的要求很高，故需要反复测量，看烤箱实际温度和温度计是否有偏差。在烘烤过程中，也要时刻监测烤箱中的温度，做出适当的调整。

20 大号裱花袋   马卡龙的面糊比较硬，所以裱花袋要选厚实、耐用的大号裱花袋。

21 裱花嘴   选直径在 7~8 毫米的圆口裱花嘴，我使用的是 SN7064。

材料

TPT指杏仁粉和糖粉的等比例混合物。

1 杏仁粉   杏仁粉是用美国大杏仁去皮研磨而成的。选择干燥、新鲜、免过筛的特细杏仁粉最好。

Tips

选择品质好的杏仁粉是制作的关键，不要尝试自己用搅拌机磨，因为不小心就会磨过度，造成杏仁粉出油。

2 细砂糖   不可用粗砂糖，因为不易溶化。我通常选择太古细砂糖或韩国幼砂糖。

3 糖粉   糖粉洁白细腻，其所含有的少量玉米淀粉可帮助去除湿气和确保马卡龙组织坚固。

5 蛋白粉   用干燥的蛋白研磨而成，将其加入老化蛋白中，可提高蛋白质含量并去除水分。我使用的是惠尔通蛋白粉。

6 老化蛋白   是将新鲜的鸡蛋提前分离，盖上保鲜膜，并刺上小孔，放入冰箱冷藏 2~4 天使其散失水分而成的。若直接用新鲜蛋白制作马卡龙，则可能会导致面糊过湿，造成失败。

Tips

老化蛋白要用新鲜的蛋白制作，新鲜的鸡蛋蛋白是有黏性的，蛋黄是明显的圆球形；不新鲜的鸡蛋，蛋黄容易散开，蛋白则像清水一样。用不新鲜的蛋白制作出来的马卡龙容易空心、组织粗糙。老化蛋白可以增加蛋白弹性，减少湿气。老化蛋白在使用前需提前取出，置于室温下回温。

4 色粉   食用色素可分为油性色素、水性色素和干性色素，色粉属于干性色素，最适合添加在马卡龙面糊中；而水性和油性色素都容易破坏面糊的性质，不宜使用。我使用的是法国色粉。家庭制作也可以不添加色素，吃起来更健康。

10 种马卡龙内馅做法

马卡龙的精华就在内馅，国外的大师们不那么在意外壳的美观，而更重视内馅的丰富。好吃不腻的内馅加上外酥内嫩的外壳，才称得上是真正完美的马卡龙。

意式奶油霜 （好吃评级 ★★★） 特点：不易熔化，易操作。

意式奶油霜由意式蛋白霜和黄油结合而成，意式蛋白霜则是将蛋白和白砂糖（量的比例为1：2）加水熬煮（温度为116~118℃）成糖浆，以边打发蛋白边加入糖浆的方法做成的蛋白霜。添加高温的糖浆可以杀灭蛋白中的细菌，同时也使蛋白霜更加稳定，不易消泡。

工具：电动打蛋器、打蛋盆、小奶锅、电子温度计
材料：
细砂糖 50 克，清水 25 克，细砂糖 7 克，蛋白 70 克，黄油 225 克，盐 1/4 小匙
准备工作：
将黄油提前从冰箱中取出，在室温下软化至用手指可轻松压出手印，切小块。

制作过程：

制作关键早知道

① 熬煮糖浆的火力要适当，太小则容易使糖浆结晶，太大又会烧干，故通常用中火来熬煮。
② 开始打发蛋白的时间要适当，过早打发，蛋白霜放置时间太长，气泡会自然破掉而消失，且打发过度的蛋白会有水分析出，变得干燥、易碎，失去弹性，气泡也容易破掉。
③ 这种内馅使用前要隔水加热，变得很软时再挤。

1. 将细砂糖（50 克）和清水放入小锅内，用中火熬煮，待温度达到 100℃时开始打发蛋白：将蛋白加细砂糖（7 克），用电动打蛋器中速打至八分发（详见本书 P.22）。
2. 待糖浆熬煮至 117℃时立即离火。

Tips

糖浆一定要熬煮到位，如果温度太低，会使得蛋白发泡状况不佳。

3. 分 2 次将糖浆倒入打发好的蛋白中，注意不要倒到盆边或打蛋头上，两次倒糖浆时间间隔不要太久。
4. 每倒一次，都要用电动打蛋器高速打发至硬性发泡，放凉至手摸盆底感觉不到热。
5. 将软化好的黄油放入打蛋盆中，用电动打蛋器搅打松散。
6. 分 2 次加入打发好的蛋白霜，每次都要用电动打蛋器中速搅打均匀。做好的意式奶油霜成品应为细腻、光滑的乳膏状。

Tips

蛋白霜在加入黄油前要确定已完全冷却，过热的蛋白霜加入黄油中，会造成黄油熔化。

英式奶油霜馅 （好吃评级 ★★★★） 特点：不易熔化，易操作。

材料：蛋黄 2 个，鲜奶 65 克，白砂糖 40 克，黄油 100 克，香草精 1/4 小匙

做法：

1. 将蛋黄和细砂糖放入打蛋盆里，用电动打蛋器中速搅拌，直至砂糖溶化。
2. 取小锅倒入鲜奶，再倒入打散的蛋黄液，置火上加热，边加热边用锅铲搅拌。
3. 煮至约 75℃，用锅铲挑起看一下，液体变得浓稠，用手划过铲子上的液体可划出一条痕迹。
4. 煮好的蛋奶浆过滤，放凉至室温（要低于 30℃）。
5. 软化的黄油用电动打蛋器搅散，加入香草精搅打匀。
6. 分 3 次加入冷却的蛋奶浆，每次都要搅打均匀后再加入下一次。全部材料搅成乳膏状，英式奶油霜就做好了。

巧克力意式奶油霜馅

（好吃评级 ★★★★）

材料：70% 黑巧克力 30 克，意式奶油霜 100 克

做法：参照本书 p.79 魔鬼蛋糕步骤 9~10 的做法制作，将巧克力添加在奶油霜中，就有了巧克力的风味。

特点：不易熔化，易操作。

柠檬奶油内馅 （好吃评级 ★★★★）

材料：柠檬皮 1/2 个，意式奶油霜 100 克（做法见 P ），柠檬汁 10 毫升

做法：将柠檬用刀刮取黄色的表皮，加入意式奶油霜中混合均匀，再加入柠檬汁搅匀即可。

特点：不易熔化，易操作。

白巧克力甘那许 （好吃评级 ★★★★）

材料：白巧克力、动物鲜奶油各 50 克，黄油 20 克

做法：将所有材料一起放入不锈钢碗内，隔 50℃温水熔化，搅拌至呈光滑的酱状，移入冰箱冷藏半小时至半凝固状态即可。

特点：较易熔化，要冷藏保存。

草莓芝士内馅 （好吃评级 ★★★★★）

材料：奶油奶酪 100 克，草莓酱 50 克，鲜奶 10 克

做法：将奶油奶酪提前取出，置于室温下软化，再加入草莓果酱和动物淡奶油，用电动打蛋器搅打均匀成乳膏状即可。

特点：不易熔化，易操作，味道微甜。

黑巧克力甘那许 （好吃评级 ★★★★）

材料：770% 黑巧克力 30 克，33% 牛奶巧克力 20 克，动物鲜奶油 50 克，黄油 20 克

做法：将所有材料一起放入不锈钢碗内，隔 50℃温水熔化，搅拌至呈光滑的酱状，移入冰箱冷藏半小时至半凝固状态即可。

特点：较易熔化，要冷藏保存。

椰香芝士内馅 （好吃评级 ★★★★★）

材料：奶油奶酪 100 克，浓缩椰浆 100 克

做法：

将奶油奶酪提前取出，置于室温下软化，再加入浓缩椰浆，用电动打蛋器搅打均匀成乳膏状即可。

特点：不易熔化，易操作，味道较清淡。

奶油奶酪夹馅 （好吃评级 ★★★★★）

材料：奶油奶酪 50 克，动物淡奶油 50 克

做法：

将奶油奶酪提前取出，置于室温下软化，然后加入动物淡奶油，用电动打蛋器搅打均匀成乳膏状即可。

特点：不易熔化，易操作，味道较清淡。

巧克力伯爵茶内馅

（好吃评级 ★★★★★）

材料：淡奶油 100 克、伯爵红茶 1 小包，70% 黑巧克力 60 克，牛奶巧克力 40 克，黄油 40 克

做法：

1. 将淡奶油和红茶包放入小锅内，搅拌均匀，用小火煮至沸腾离火，盖上锅盖焖 10 分钟左右让鲜奶油入味，然后用网筛滤掉茶叶。

2. 再加入黑巧克力和黄油，隔 50℃ 温水，搅拌至呈光滑的酱状即可。

特点：较易熔化，要冷藏保存。

马卡龙晾干表皮的状态

1. 马卡龙未晾干前，表面看着很光亮，晾干后会变得比较像哑光的效果。

2. 未晾干前用手指按下，会粘上面糊；晾干后手指按下，手指是干净的。

3. 不要只按壳的四周，而要按中间部分，也就是面糊最厚实的部位，这个部位不会粘手，才能保证烘烤时不开裂。

问：吃不完的内馅如何保存？

答：内馅用不完的，可以用食品袋密封后放冰箱冷冻，要吃的时候取出，隔热水加热搅拌均匀即可。

问：夹馅易化怎么办？

答：有些内馅遇热就熔化了，特别是在夏天，马卡龙一拿出室外，内馅就化开了，这时我们可以给内馅添加一些吉利丁片或苹果胶，使制作出来的内馅更稳定，不易熔化。

具体做法如下：

1. 使用吉利丁片：将吉利丁片用冰水泡软，捞出放入不锈钢小碗内，隔热水化开成液态，加入内馅中，用电动打蛋器搅匀即可。

2. 使用苹果胶：使用含水量较大的果酱做内馅时，可以添加适量的苹果胶来帮助凝固，取 1/4 小匙苹果胶加 1 大匙清水浸泡开，再隔水熔化，加入到内馅中搅匀即可。

烘干马卡龙的几种方法

1. 干燥季节时放置在通风的地方，自然晾干 20~30 分钟。

2. 使用带热风功能的烤箱，开上下火用 50℃ 带热风功能，在烤箱门上夹个筷子通风，10 分钟就可以把表皮烘干。潮湿天气下延长至 15 分钟。若烤箱风扇较小，10 分钟可能吹不干；有的风扇大，可能 7~8 分钟就干了，要注意观察。

3. 使用电吹风对着马卡龙外壳吹约 20 分钟左右，或开启电风扇吹 20 分钟。

4. 烤箱上下火预热 200℃，利用余温闷 5 分钟。闷过的马卡龙已经是半熟状态了，所以不可以中途取出来，要直接升温开烤。

马卡龙制作关键早知道

1. 意式和法式马卡龙的区别在于：意式马卡龙采用了意式蛋白霜，通过将糖浆淋入蛋白中，使蛋白霜变得更稳定，不易消泡，制作的马卡龙更圆润，含糖量更低，成功率更高。

2. 制作马卡龙时最怕有水分，所以在制作前要将烤盘、打蛋盆等工具都用厨房纸巾擦干。

3. 制作意式马卡龙的程序比较复杂，对工具和食材的要求也很严格。在制作前首先要选好适用的工具和材料，才能提高成功率。不要尝试去减低糖量，因为马卡龙外壳的形成依赖于它的高含糖量，当其晾干后形成一个硬壳，再经过高温烘烤，因为顶部外壳已经定型，内部的面糊就会从底部溢出，形成漂亮的裙边。

4. 因烤箱不同、挤马卡龙的大小和厚度不同、马卡龙晾干程度不同，烘烤马卡龙的温度也不同，我给出的时间和烘烤温度仅供参照，要根据自己的实际情况来调节。如可设定170℃ 14分钟，或165℃ 14分钟，或160℃ 16分钟。

5. 夹好馅后的马卡龙要使用密封的保鲜盒保存，放在冰箱冷藏一夜，使其内侧充分吸收内馅的水分，让内部组织回潮，变得湿润。在食用前从冰箱中取出，在室温下放置15~20分钟，即可达到最佳的食用效果。

6. 挤好馅的马卡龙若吃不完，可以用密封盒保存，放入冰箱冷冻，要食用前放入冰箱冷藏放置1小时后，再室温回温。不挤馅的马卡龙壳，可以密封后放入冰箱冷藏保存，可保存3个月之久。

7. 这里给出的操作方法和配方与视频中略有不同，照做都可成功。在制作马卡龙中若遇到什么问题，可以新浪微博 @ 菜青虫1031@ 爱做马卡龙的大麦 @ 圆猪猪的小厨房，我们会尽力帮您解答。

法式可可马卡龙

（新手可以尝试）

用"快扫"
识别图片
美食视频即刻呈现

猪猪小语

这是一款制作相对简单、容易成功的马卡龙。当您掌握了操作基础后，有了信心，就可以去挑战更高难度的意式马卡龙了。

这个配方不容易空心、不甜腻，但如果蛋白打发不够，或是搅拌过度，会很容易摊开不成形。另外，所需的晾皮时间比意式马卡龙要长。

如果是想做彩色的法式马卡龙，只要把可可粉换成等量杏仁粉，然后在打发的蛋白中添加色粉，再搅打均匀即可。

工具准备

方形不粘烤盘、马卡龙硅胶垫、耐高温油布、大号裱花袋、SN7064 花嘴、橡皮刮刀、小号打蛋盆、面粉筛、刮板

材料准备

A：杏仁粉 52 克，无糖可可粉 8 克，太古糖粉 85 克

B：老化蛋白 55 克，太古糖粉 25 克，蛋白粉 1/4 小匙（1 克）

C：70% 巧克力 50 克，33% 黑巧克力 50 克，鲜奶油 100 克，水饴 6 克（若没有可不用），黄油 40 克

烤箱设置

	烘烤位置	烘烤温度、时间（1）	烘烤温度、时间（2）	烘烤温度、时间（3）
	中下层	50℃（10~15）分钟	200℃ 6 分钟	200℃（8~10）分钟

制作过程

1　准备工作

1　制作老化蛋白（详见本书 p.288），使用时提前半小时取出，在室温下回温。

2　A 料放入打蛋盆中，用手动打蛋器混合均匀，用面粉筛筛在大盆里。

3　取 B 料中的太古糖粉和蛋白粉混合均匀。

4　取大号裱花袋，安装好 SN7064 花嘴。

2　打发蛋白

5　折入花嘴里面以防面糊渗漏，再将裱花袋套在高杯里。

6　用电动打蛋器中速打发蛋白，打至起鱼眼泡时，加入 1/4 的糖粉和蛋白粉的混合粉。

7　先低速再转中速搅打。分 3 次加入剩下的糖粉和蛋白粉的混合粉。

8　一直打至硬性发泡（即十分发，具体打发方法可参照本书 p.22）。

3　制作外壳面糊

9　一次性倒入混合好并过筛的粉类（A 料）。

10　左手转盆，右手用橡皮刮刀平平地、轻柔地压一圈。

11　再一手扶盆，从底部向上转着圈，把粉类和蛋白拌匀。

12　边拌边压散成团的蛋白，如此反复转动。

13

不时地用小刮刀将橡皮刮刀上的蛋白刮干净。

14

开始时面糊较稠，经过不停地翻拌后面糊会越来越稀，越来越光滑。

15

用硅胶铲将面糊提高一些，面糊向下流动的速度会越来越快。

16

拌至面糊可以自然如飘带般落下，落下形成的痕迹保留十几秒才消失，看不到明显的蛋白霜即可。

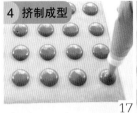

4 挤制成型

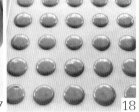

17 18

面糊倒入裱花袋中。油布下垫好马卡龙硅胶垫，按图案挤好面糊，不要挤太大，面糊挤好一段时间后会摊开一些。

双手提起油布的两个角，将油布移入烤盘上。如果看到有气孔，可以用牙签挑破，并划圈让其平复。

5 烘烤

19

烤箱不需预热，设置上下火50℃，开启热风功能，烤盘放入烤箱中下层，烤箱门缝上插一根筷子，烤10~15分钟至表皮形成一层略硬的壳。将烤箱温度调至200℃，单上火烤6分钟。

20

烤6分钟后裙边已起得很高了，再调至200℃单下火烤8~10分钟。

21

烤好的马卡龙不要马上取出，要等晾凉后再取，不然容易粘烤盘。

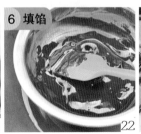

6 填馅

22

C料中巧克力切碎，所有C料一同放盆内，隔60℃热水加热，边加热边搅拌，至熔成光滑细腻的酱状，入冰箱冷藏半小时备用。

23

将内馅装入裱花袋中，晾凉的马卡龙壳上，再盖上另一片相同大小的壳，放入保鲜盒中密封，移入冰箱冷藏过夜后再食用。

Tips

1. 法式马卡龙比意式马卡龙要难晾干得多，所以我采用步骤19~21的方法，目的是：第一，可以防止马卡龙表皮还没彻底晾干就出现开裂的情况，先开上火把外壳烤透了。第二，可以防止马卡龙底部先结壳，如果底部先被烤干的话，裙边就出不来了。

2. 特别注意：我是烘干后直接升温烤，虽然设置烤箱温度200℃，但实际温度是达不到的，从50℃慢慢升到100℃需约6分钟。如果完全自然晾干，放入预热的烤箱烤的话，则要降低温度，您可根据自家烤箱的情况来调节并多次尝试——小烤箱容积小，温度高，容易烤煳，通常设为160~180℃比较适合，总共烘烤时间15~20分钟。如果你的烤箱不是上下火分开控制的，那么烤上面的时候要在下面垫烤盘，烤下面的时候要在上面垫烤盘。马卡龙的烘烤温度和时间都很关键，最好精确到每分钟来不断尝试适合自家烤箱的时间。

意式马卡龙

（高手可以挑战）

用"快扫"
识别图片
美食视频即刻呈现

材料准备

A：特细杏仁粉 90 克，太古糖霜 90 克，老化蛋白 33 克

B：老化蛋白 33 克，细砂糖 10 克，蛋白粉 1/4 小匙（1 克）

C：细砂糖 80 克，清水 25 克

准备工作

1

将新鲜鸡蛋分离出蛋白，装入干净、无水无油的盆内，盖上保鲜膜，用剪刀在上面刺很多小孔，放入冰箱冷藏两三天，制成老化蛋白。使用前提前半小时从冰箱取出，在室温下回温。

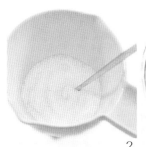

2

将细砂糖 10 克和蛋白粉 1/4 小匙放入小碗中，用筷子搅拌均匀。

3

取老化蛋白 33 克，用牙签挑入少许色粉，用手动打蛋器搅拌，至色粉全部溶化即可，此时不必将蛋白打发。

4

特细杏仁粉（90 克）和太古糖霜（90 克）用粗眼网筛过滤至中号打蛋盆内备用（即 TPT）。

Tips

过滤时使用刮板刷粉，不要用手去磨。

5

取大号裱花袋，装入 SN7064 花嘴（直径 7 毫米，圆口），把裱花袋近花嘴位置折入花嘴里面，再将裱花袋套在高杯里。

糖浆温湿度参照表

湿度	湿度 40%	湿度 40%-70%	湿度 70% 以上
糖浆温度	糖浆温度 116℃	糖浆温度 117℃	糖浆温度 118℃

制作过程

  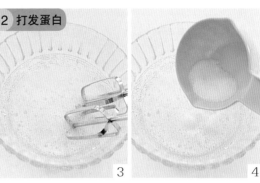

1 煮糖浆　　　　　　　　　　　2 打发蛋白

C 料装入小锅静置片刻，让清水全部浸泡到砂糖。

开启陶瓷炉的 5~6 档火力，开始煮糖浆。

待糖浆开始起大泡、温度达到 90℃时开始打发蛋白：将 B 料中的老化蛋白先用电动打蛋器打至起粗泡。

加入一半的糖粉和蛋白粉混合物（准备工作 2），用电动打蛋器高速打发。

Tips

煮糖浆的时候不可搅拌，以免结晶。温度约 60℃时出现小气泡，90℃左右开始有大气泡，在这之前都不需要用温度计测量。待煮至 100~106℃时上升温度会很慢，这时要耐心等待。从 110℃升至 117℃又会很快，要注意测温，及时离火。糖浆的温度一定要把握好，过低则糖浆中的水分还没煮干，过高则糖浆会变硬、变焦。

3 打发蛋白糖霜

加入剩下的糖粉和蛋白粉混合物（准备工作 2）。

打发至提起打蛋头，蛋白可拉起一个弯弯的小尖角，即九分发的状态。

待糖浆（步骤 2）煮至 117~118℃时马上离火，分 4 次将糖浆倒入上一步打发的蛋白中。

每加一次糖浆都要用电动打蛋器高速打发，搅拌均匀后再加入下一次。

Tips

1. 倒糖浆时切不可把糖浆倒在盆边或打蛋头上，否则糖浆会马上结晶变成颗粒状。糖浆温度很高，注意防烫。
2. 倒糖浆时分几次倒，每倒一次都要放下糖锅，立即高速搅打，动作要连贯，不然糖浆会变硬。

9

10

4 调色 TPT

11

12

一直打至提起打蛋头，盆内蛋白霜是直立的，打蛋头上的蛋白霜呈弯勾状。

用红外线测温仪测量蛋白霜温度，待降到38℃时停止打发。

Tips

蛋白温度降至38℃时要停止打发，否则会越打越稀。

打好的蛋白霜放置一边放凉，将混了色素的蛋白（准备工作3）加入到TPT（准备工作4）中。

用硅胶铲用压拌的方式混合均匀。

13

14

5 制作外壳面糊

15

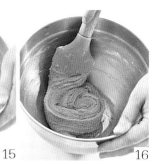

16

拌的过程中要不时用小刮刀将硅胶铲上的TPT刮干净。

最后拌匀的混合物应是呈泥状的。

取1/3的蛋白霜（步骤10），加入步骤14的混合物中，用硅胶铲用切和翻转的动作拌匀。

在翻转的时候要一手扶盆，一手将盆边刮干净。

17

18

19

20

拌至看不到蛋白霜时，加入第二次蛋白霜。

继续用硅胶铲用切和翻转的动作拌匀，加入第三次蛋白霜。

一手转盆，一手将面糊从盆底铲起、翻转。

Tips

将面糊全部铲起，从高处向下飘落，反复几次直至面糊可呈宽大、连续的飘带状，滴落到盆里的面糊纹路会非常缓慢地消失，表面看不到蛋白霜。

面糊开始时较浓稠，飘不起来。慢慢多操作几次，面糊就会变稀，飘落得越来越流畅。这个过程就是在拌匀蛋白霜，消除其中过多的气泡。面糊的浓稠度决定了马卡龙的形态，拌好的面糊浓稠度适当，飘落后形成的痕迹在十几秒后才消失。如果面糊拌得太久，面糊会变得很稀，挤到烤盘上无法成形。

6 挤制成型

 21

 22

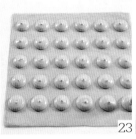 23

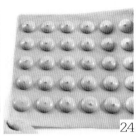 24

裱花袋套在阔口的高杯子中，将拌匀的面糊倒入裱花袋中。

在油布下垫好马卡龙硅胶垫。

按马卡龙硅胶垫上的图案挤好面糊，不要挤得太大，因为挤好一段时间后，面糊会摊开一些。

双手提起油布的两个角，将油布移入烤盘上。

 25

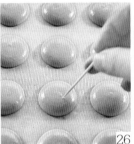 26

 27-1 27-2

双手捧烤盘，从距离桌面10厘米的高处松手摔几下去除气泡，消除尖角。

如果看到有气孔，可以用牙签挑破，并划圈让其平复。

把烤盘放置在干爽的地方，晾干表皮。晾至形成一层软软的壳，用手摸表皮不粘手即可。

Tips

这步很重要，如果表皮没晾干，就会出现无裙边、爆顶的现象。晾干时可以开启风扇或用电吹风帮助晾干，时间不能太长，10~30分钟即可，一旦超过1小时，蛋白就会消泡，造成无裙边和空心。

7 烘烤

 28

 29

8 夹馅

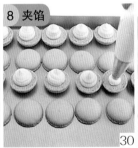 30

 31

提前15分钟预热烤箱至170℃，烤盘放入烤箱中层，以170℃上下火烤14分钟。

烤好的马卡龙不要马上从油布上取下来，要晾5分钟等其冷却，再掀起油布即可。

马卡龙按大小配对，正反摆开。裱花袋上安好花嘴装入意式奶油霜（做法见本书p.289），挤在马卡龙壳上。

盖上配好对的另一片壳，装入密封盒里，移入冰箱冷藏1夜后再食用。

Tips

①挤馅前要调整馅料：若太稀，可放冰箱冷藏使之变硬；若太硬，可隔水加热调稀一些。
②挤馅的量要适当，馅和外壳应成1:1的比例，馅不要超出外壳，以免取食的时候内馅粘手。

马卡龙壳的成长过程

　　因为每个人使用的烤箱不同，即使是同一品牌，同一型号的烤箱也难免会出现温差，所以选择一台恒温性较准的烤箱，成功率会更高。有的烤箱会突然变温，容易造成失败。

　　马卡龙之所以被认为很难，不但难在操作手法，还难在烘烤时的控制。烘烤不足，马卡龙会粘底、空心；烘烤过度，会上色过深影响色泽，而且不易回潮。所以这里我们要先来认识马卡龙的成长过程。

　　马卡龙的成长和戚风蛋糕有相似之处，也是先要经过一段时间的膨胀，然后回落，回落后再烘烤一段时间，会闻到很香的杏仁味，观察裙边底部有少许变黄，说明马卡龙烤好了。马卡龙的烘烤温度和时间是要精确到每5℃、每1分钟来调整的，所以要非常有耐心地对待它，烘烤的最后几分钟要守在烤箱旁边随时观察。

马卡龙壳入烤箱3~4分钟后，开始起裙边。

第6分钟时，裙边起到一半高。

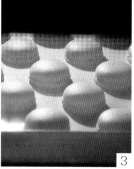

第8~9分钟时，裙边起到最高点。

第10分钟时，裙边开始降落。

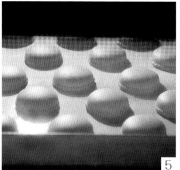

第11分钟时，裙边降得更低，并慢慢回缩。

第12分钟时，裙边基本上不再发生变化，继续烘烤至裙边有些微泛黄色即可。

左图有些微烤过，烘烤时间应减少1分钟。中图为烘烤适中的，平滑，底部有些微内凹。右图为烘烤不足的，取出时底部会粘底，造成底部不光滑。

马卡龙外壳失败原因及解决方法

❌ NG NO.1

情况1：外壳表皮上的小尖峰无法消失。

原因：面糊太干或面糊搅拌不足，没有拌至飘带状，面糊还很稠，或挤好后没有震盘。

解决方法：增加飘带的次数。

❌ NG NO.2

情况2：挤好的外壳摊得很大。

原因：面糊太湿或面糊搅拌过度，面糊过稀。

解决方法：减少搅拌的次数，拌至看不到蛋白霜即可。

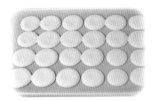

❌ NG NO.3

情况3：外壳向内凹。

原因：烤制中途打开过烤箱，或突然降温太多，或中途取出来过，或上火温度太低。

解决方法：依实际情况分析原因并相应调整。

❌ NG NO.4

情况4：外壳掀起会粘底，空心。

原因：马卡龙还没有烤熟就取出了。

解决方法：学会判断马卡龙是否已熟。要看到裙边升起又下降，裙边有少许上色，才是烤熟了。

❌ NG NO.5

情况5：外壳开裂，无裙边。

原因：晾皮时间不够久。

解决方法：要晾至用手按下去时有些微软壳的感觉。

❌ NG NO.6

情况6：各种空心问题。

原因：①没烤熟。②没有使用老化蛋白。③杏仁粉太潮湿。④搅拌过度，造成消泡。⑤晾皮时间过长。

解决方法：根据实际原因调整。

❌ NG NO.7

情况7：组织粗糙。

原因：①没有使用老化蛋白。②杏仁粉太潮湿。潮湿的杏仁粉是呈团状的。

解决方法：①使用老化蛋白。②将杏仁粉平摊在烤盘上，放入预热至90℃的烤箱中层，烤30分钟。

书中 30 个教学视频的观看方法

　　为了让读者更直观地学习书中介绍的烘焙美食，我们邀请专业摄影团队拍摄了这套原创的教学视频，共 30 集，全部来自《圆猪猪　乐享烘焙》一书中最经典、最具人气的作品。深受广大烘焙迷喜爱的圆猪猪将为大家现场讲解和制作这些美味，呈现制作中的每一个步骤，详尽讲解操作过程及关键，美轮美奂的画面，贴心细致的讲述，就像与美食大咖面对面，让您的"学习"过程分外快乐、轻松！

为了方便读者，我们提供了 3 种观看这些视频的方法：

　　方法一：随书附赠 240 分钟高清 DVD 光盘 2 张。此为完整版视频，呈现最详细的操作过程。

　　方法二："快扫"扫图片，视频即时看。扫码关注"青岛微书城"，下载"快扫"APP，用"快扫"识别书中带📱标志的图片，圆猪猪美食视频即刻呈现！3 分钟短视频，呈现最关键的操作步骤，随时随地 Get（获取）新技能！

　　方法三：扫描二维码，即可登录"圆猪猪乐享烘焙"专题页面，全部精彩视频任您看。也可在腾讯视频网站搜索"圆猪猪乐享烘焙"，精美视频随时看。

图书在版编目（CIP）数据

圆猪猪 乐享烘焙 / 圆猪猪编著. -- 青岛：青岛出版社，2015.10
（巧厨娘第3季）
ISBN 978-7-5552-1943-9

Ⅰ.①圆… Ⅱ.①圆… Ⅲ.①烘焙—糕点加工 Ⅳ.①TS213.2

中国版本图书馆CIP数据核字(2015)第111397号

书　　　名	圆猪猪 乐享烘焙
丛 书 名	巧厨娘第 3 季
编　　著	圆猪猪
出版发行	青岛出版社
社　　址	青岛市海尔路 182 号（266061）
本社网址	http://www.qdpub.com
邮购电话	0532-68068026
策划编辑	周鸿媛
责任编辑	周鸿媛　杨子涵
设计制作	毕晓郁　宋修仪
制　　版	青岛乐喜力科技发展有限公司
印　　刷	青岛乐喜力科技发展有限公司
出版日期	2015 年 10 月第 1 版　2015 年 10 月第 2 次印刷
开　　本	16 开（710mm × 1010mm）
印　　张	19
字　　数	250 千
书　　号	ISBN 978-7-5552-1943-9
定　　价	39.80 元（附赠超大容量高清双碟教学 DVD）

编校印装质量、盗版监督服务电话：4006532017　0532-68068638
印刷厂服务电话：0532-89083828　13953272847